맛있다,
과학 때문에

맛있다,
과학 때문에

시간과 온도가
빚어낸
푸드 사이언스

박용기 지음

곰
출판

30여 년 연구자로서의 경력을 마친 나는 내가 가진 작은 재주를 과학문화 확산에 바치기로 했다. 그래서 한국표준과학연구원 홍보실에서 전문연구원으로 일하면서 과학 칼럼을 쓰는 새로운 도전을 시작했다. 우리 일상에는 과학이 마치 공기처럼 가득 차 있다. 그렇지만 사람들은 늘 접하고 있으면서도 과학을 어렵게만 생각한다. 그래서 가장 일상적이고 친근한 것을 통해 사람들과 과학 이야기를 해보려 했다. 하루 세 번 마주하는 밥상만큼 친근한 것이 또 있을까. 그래서 음식과 맛을 과학으로 풀어내기로 했다. 음식을 나누듯 과학에 관한 이야기를 나누다 보면 목적하는 바를 이룰 수 있을 듯싶었다.

　　하지만 나는 맛이나 음식을 전공한 과학자가 아니다. 오히려 이런 것과는 거리가 먼 재료과학을 전공한 사람이다. 현역에 있을 때는 초전도체 연구와 이를 이용해 첨단 의료장비를 개발한 과학자다. 그래서 어깨 힘을 뺄 필요가 있었다. 케이크, 아이스크림, 커피, 와인, 자반고등어 등 내가 좋아하는 음식들로 이야기를 시작했다. 이 음식들로 단맛, 짠맛, 신맛, 쓴맛 등을 설명했다. 우리가 이러한 맛을 어떻게 느끼게 되는지 설명하고, 그와 관련된 과학 이야기를 들려주었다. 그래서 과학은 어려운 것이 아니라 생활에 실질적인 도움을 주는 것이라는 걸 일깨우려 노력했다.

이 책은 한국표준과학연구원의 사외보 〈KRISS〉에 발표되었던 '맛있는 과학' 칼럼을 중심으로 신문과 잡지에 기고했던 글들을 모은 것이다. 이 자리를 빌려 2년 동안 연재해준 한국표준과학연구원 홍보위원회와 편집을 맡아준 홍커뮤니케이션스에게 감사의 말씀을 전한다. 또 먼저 출간을 제안해준 곰출판 심경보 대표에게도 감사드린다.

마지막으로 늘 곁에서 나를 지켜주고 삶의 맛과 향미를 느끼게 해주는 아내와 가족들에게 이 책을 드린다.

박용기

맛 속에 담긴 과학을 음미하다

인간 생활의 기본적 욕구를 우리는 '의·식·주'라고 한다. 그런데 서양에서는 통상적으로 '식·주·의(food, shelter and clothing)'의 순서로 말한다. 중요한 순서로 나열한다고 생각했을 때 우리네 유교 문화에서는 먹는 것보다 체면과 외관이 더 중요하다고 느꼈던 게 아닌가 싶다. 하지만 생존의 측면에서 본다면 서양의 순서가 더 타당한 것 같다.

식(食)의 문제는 단순히 개체의 생존을 넘어 우리 인류가 고도의 지성을 가지고 문명을 건설하게 된 중요한 요인이었다고 분석하는 학자가 있다. 유발 하라리는 《사피엔스》에서 음식의 변화가 인류의 인지혁명에 어떻게 영향을 미쳤는지 이야기한다. 불의 발견으로 인류는 음식을 익혀 먹을 수 있었고, 이로 인해 다양한 음식을 섭취하면서도 소화가 훨씬 쉬워졌다. 침팬지가 날것을 씹어 먹고 소화시키기 위해 하루에 5시간을 소비하는 반면, 사람은 익힌 음식을 먹음으로써 소화에 필요한 시간을 한 시간으로 단축시켰다. 이 때문에 다른 창의적인 일을 할 수 있는 시간적 여유가 생겼다. 뿐만이 아니라 음식을 익혀 먹으면서 장기가 짧아지고 소화에 필요한 에너지가 줄어듦으로써 인류의 뇌가 크게 발달했는데, 이것이 호모 사피엔스의 인지혁명을 가져온 주된 요인이 됐다는 것이다.

그런데 이제 우리는 단순히 먹고사는 문제를 넘어서 무엇을 어떻게 먹느냐를 따지는 시대에 살고 있다. 얼마 전부터 우리나라에서는 '먹방'이라는 콘텐츠가 유행하고 있다. '먹는 방송'의 줄임말인데, 현재 인터넷 방송에서 활동하고 있는 '먹방 BJ'가 3,000명에 이른다는 보도가 있을 정도다. 또 학생들 사이에서 요리사가 인기 직업으로 부상하고 있다. 최근에 조사된 초·중·고 학생들의 장래 희망 직업에서 요리사는 초등학생의 경우 4위, 중학생은 6위, 고등학생은 7위를 차지할 정도로 인기가 높다. 그런데 4차 산업혁명에 대한 예측 보고서는 직업으로서의 요리사 전망을 그리 밝지 않게 보고 있다. 2030년이면 인공지능 로봇이나 3D 프린터 등의 진화로 요리사는 사라질 가능성이 대단히 높다고 본 것이다.

맛을 만들어내는 마술사이며 현재 인기 직업인 요리사가 앞으로 10년 후에는 정말로 인공지능 로봇에 밀려날까? 충분히 가능한 일이라고 생각한다. 왜냐하면 맛있는 음식을 만드는 일은 마술이 아니라 종합 과학이기 때문이다.

맛에 대한 신화

척추동물은 5억 년 전 바다에서 시작되었으며 맛을 통해 먹을 수 있는 음식인지 아니면 치명적인 독인지를 가려낼 수 있도록 진화해왔다. 단맛은 우리가 살아가는 데 필요한 에너지를 공급하는 탄수화물이 있음을 알려주는 신호다. 짠맛은 몸의 수분 균형과 대사, 피를 순환시키는 데 중요한 나트륨의 존재를 알려준다. 반면 쓴맛은 독성이 들어 있을 수 있으니 먹지 말라는 경고다. 그리고 신맛은 산이나 부패한 음식으로부터 나오는 경우가 많기 때문에 조심해서 먹으라는 경고라고 할 수 있다. 즉 단맛과 짠맛이 음식물 섭취에 있어 먹어도 좋다는 녹색 신호등이라면, 쓴맛은 적색 신호등, 그리고 신맛은 황색 신호등에 해당된다. 우리 혀에는 단맛을 감지하는 센서가 한두 가지밖에 없는 반면, 쓴맛을 감지하는 센서는 적어도 스무 개가 넘는다는 사실만 보아도 독성을 피하는 것이 얼마나 중요했는지를 짐작할 수 있다.

그렇다면 우리가 느낄 수 있는 기본 맛은 몇 가지나 될까? 내가 학생 시절에 배웠던 기억에 의하면, 위에 말한 단맛과 짠맛, 쓴맛, 신맛 이렇게 네 가지였다. 이러한 맛들은 혀에 있는 맛봉우리,

즉 미뢰라는 조직에서 맛을 감지하는데 앞쪽에서는 단맛, 그 바로 옆쪽에서는 짠맛, 그리고 혀의 가장자리에서는 신맛을 느끼며 쓴맛은 목구멍 가까이에서 느낀다는 소위 '혀의 맛 감각 지도'라는 것을 배웠다. 이러한 맛 지도는 1800년대 후반에 보고된 연구 결과를 가지고 20세기 초반에 완성한 것인데, 최근 이 내용은 완전히 잘못되었음이 밝혀졌다. 즉 미뢰가 있는 혀의 모든 부위에서 모든 맛을 다 느낄 수 있다는 것이다. 우리가 오랫동안 진리로 믿고 가르쳐왔던 혀의 맛 지도는 이제 잘못된 신화가 되어버렸지만, 아직도 많은 사람들은 혀의 맛 감각 지도를 진리로 알고 있는 경우가 많다.

더욱이 최근에는 '감칠맛'이라는 맛이 기본 맛에 추가되었다. 감칠맛은 고기와 치즈, 토마토 등에 많이 포함되어 있는 맛으로 '글루탐산'이라는 분자가 내는 맛이다. 바로 인공조미료로 잘 알려진 MSG(글루탐산 일나트륨, monosodium glutamate)의 주성분이다. 이 맛은 1900년대 초반부터 일본 학자들에 의해 연구되고 밝혀졌기 때문에 '우마미(umami)'라고 부르기도 한다. 처음에는 인정을 받지 못했지만 다시마와 같은 해조류 국물에 글루탐산이 들어 있다는 것이 밝혀졌고, 그 후 1913년에 일본 요리에 많이 사용되는 가다랑어포에서 이노신산이, 그리고 1957년에는 표고버섯에서 구아닐산이 발견되면서 1985년 이후 새로운 기본 맛으로 주목받기 시작했다. 1997년과 2000년에 각각 생쥐와 사람의 혀의 미뢰에서 감칠맛 수용체를 발견함으로써, 감칠맛은 제5의 기본 맛으로 인정을 받게 되었다. 감칠맛 역시 음식 내 단백질이 풍부하다는 신호를 주는 맛이라고 할 수 있다. 이 밖에도 과학자들은 기본 맛이 더 존재할 것이라고 생각하고 있으며 이에 대한 연구를 활발히 진행하고 있다. 지방이나 칼슘 같은 금속맛 등이 후보인데 아직은 학계에서 인정받고 있지 못한 상태다.

맛을 감지하는 센서들

그렇다면 음식의 맛은 혀로 느끼는 것일까? 결론부터 말하면 '그렇지 않다'가 옳은 답일 것이다. 맛을 느낀다는 것은 대단히 복잡한 과정이 합쳐진 행위로 혀와 입안의 감각, 코, 눈, 귀가 총동원되어 각기 수집한 신호를 뇌로 보내 기억과 조합하는 오케스트라 연주와 같다. 즉 맛은 뇌에서 느낀다고 할 수 있다. 하지만 맛을 느끼기 위한 가장 중요한 단계는 바로 혀와 연구개(물렁입천장)에 있는 미뢰에서 시작된다.

미뢰는 양파 모양의 구조를 가지고 있으며 내부에 50개에서 100개 정도의 맛세포를 가지고 있는데, 각각의 맛세포들은 손가락 모양의 미세 융모를 가지고 있다. 음식을 먹으면 음식 속에 들어 있는 다양한 맛 분자들이 미뢰와 접촉하고 꼭대기에 있는 작은 구멍(미공)을 통해 미뢰 안으로 들어가 맛세포의 미각 수용체

와 작용한다. 음식물로부터 침에 녹아나온 미각 자극 물질이 맛 수용체에 있는 특별한 단백질과 결합을 하거나 이온을 통과시키는 채널을 통해 맛세포 안으로 이동한다. 이러한 과정에서 맛세포 내에서는 전기적 상태의 변화가 일어나고, 이것이 다시 신경을 통해 전기적인 신호로 변환되어 뇌로 전달된다. 짠맛과 신맛의 경우에는 대부분 이온 형태로 녹아 맛세포에 감지된다. 단맛과 쓴맛, 감칠맛은 맛수용체라는 단백질과 결합하여 맛세포에 감지된다.

맛수용체는 입안에만 있는 것이 아니라 췌장, 장, 폐, 고환 등 신체의 다른 부위에도 존재하는 것으로 알려져 있다. 이곳에 있는 맛수용체는 맛을 느끼는 것은 아니라 무언가 해로운 물질이 몸 안에 들어왔을 때 그것을 감지하는 감시자 역할을 한다.

맛(taste)과 풍미(flavor)

맛세포로부터 감지된 신호는 신경을 따라 뇌에 전달되는데, 뇌
간을 거쳐 미각피질이라는 곳에 도달하게 된다. 혀에 맛 감각 지
도가 존재하는 것은 아니지만 이 미각피질에는 기본 맛들에 대응
하는 부위가 각각 존재하는 것으로 알려져 있다. 1차 미각피질에
서는 맛들을 감별하고 제2차 미각피질에서 다른 감각 신호와 기
억을 종합하여 맛을 음미한다.

혀를 통해 감지하는 것을 맛(taste)이라고 한다면, 실제로 뇌에
서 인지하는 맛은 풍미(flavor)라고 볼 수 있다. 풍미란 원래 음식
의 맛과 향을 합하여 부르는 말이지만, 최근에는 맛과 향뿐만 아
니라 오감을 통해 뇌가 최종적으로 해석하는 맛을 의미하고 있
다. 맛의 인지 과정이 워낙 복잡하다 보니 우리 뇌가 어떻게 풍미
를 느끼는지 연구하는 과학 분야가 만들어졌는데, 이것을 신경미
식학(neurogastronomy)이라고 한다.

풍미에 있어 가장 중요한 정보는 냄새다. 냄새는 두 가지 종류
가 있는데, 음식이 조금 떨어져 있을 때 음식으로부터 나오는 향
이 우리의 코로 직접 들어와 냄새를 감지하는 세포와 반응하는
경우(전비강성 후각)가 하나, 또 하나는 음식을 씹고 삼킬 때 음식
의 냄새 분자가 입안에서 코로 들어가 냄새 세포를 자극하는 경
우(후비강성 후각)다. 후자인 후비강성 냄새가 맛과 결합할 때 풍미

를 만들어낸다고 할 수 있다. 동일한 냄새 수용체가 반응하더라도 코로 직접 맡은 향기(aroma)와 입안에서 코로 들어가 느껴지는 냄새(flavor)를 뇌에서는 다르게 인식한다고 한다. 돌고래의 경우 입과 코가 연결되어 있지 않기 때문에 돌고래는 향기만 느낄 뿐 풍미를 느낄 수 없다.

하지만 인간의 코는 냄새를 감지할 수 있는 수용체가 미각과 달리 350에서 400여 종으로 매우 다양하다. 후각 정보는 바로 뇌의 고차중추로 전달되는데, 후각피질은 감정과 기억을 담당하는 편도체와 가까운 뇌 부위에 위치하고 있어 냄새가 감정이나 기억에 영향을 주기 쉽다고 한다. 그래서 우리의 미각은 다섯 가지의 맛밖에는 구별할 수 없지만, 풍부한 후각의 도움으로 다양한 풍미를 느낄 수 있는 것이다. 예를 들어 사과맛은 단맛과 신맛 등이 적절히 조합된 미각이지만, 여기에 사과의 향이 가미됨으로써 우리의 뇌는 단맛과 신맛이 유사하게 조합된 다른 음식과 구별하고 이것을 '사과맛'으로 기억하는 것이다. 코를 막고 음식을 먹으면 맛을 잘 느끼지 못하는 이유도 풍미를 느낄 수 없기 때문이다.

이제부터 음식을 먹을 때에는 천천히 씹으면서 맛과 냄새, 입안에서 느껴지는 질감이나 씹을 때 들리는 소리를 함께 음미해보라. 그러면 뇌에서 주변의 분위기와 과거의 기억을 더해 어느 누구와도 다른 당신만의 독특한 풍미를 느끼게 해줄 교향곡이 울려퍼질 것이다.

차례

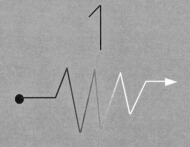

달콤 쌉싸래한 맛의 과학

"요리가 예술이라면, 빵을 만드는 일은 과학" 이라는 말이 있다.
빵과 케이크를 만든다는 것은
그 안에 들어가는 재료의 구성과 만드는 과정에서의 변수들을
과학적으로 정확하게 조절하고 관리해야 한다는 뜻이다.

부드러운 달콤함에 빠지다, 케이크의 과학

'크리스마스' 하면 생각나는 음식은 무엇일까? 한 급식업체에서 조사한 바에 의하면, '크리스마스 케이크'라는 응답이 설문자의 68%의 지지를 받아 압도적인 1위를 차지했다고 한다. 그 이유로는 '특별한 기념일 혹은 파티 느낌을 낼 수 있어서', '케이크의 달콤한 맛이 크리스마스의 낭만과 잘 어울려서' 등이 꼽혔다. 생일 하면 생각나는 음식 역시 미역국과 함께 케이크를 빼놓을 수 없다.

케이크는 누가 가장 먼저 만들었고 왜 생일이나 크리스마스처럼 특별한 기념일에 먹게 되었을까? 고대 이집트에서부터 이미 사람들은 빵을 만들어 먹었다. 그들은 뜨겁게 달군 돌을 오븐처럼 사용해서 빵을 만들고 거기에 달콤한 꿀을 넣어서 최초의 케이크를 탄생시켰다. 이러한 초기 케이크는 납작하고 딱딱한 형태로, 빵과 케이크를 구별하기 어려웠으며 스펀지처럼 부드럽고 달콤한 오늘날의 케이크와는 많이 달랐다. 영어로 'cake'라는 말을 사용하기 시작한 것은 13세기부터인데, 이 말도 케이크를 뜻하는 고대 노르웨이어인 'kaka'로부터 왔다고 전해진다. 과학기술의 발달은 케이크를 빵과는 다른, 좀 더 특별한 음식으로 만들었다. 가장 중요한 기술은 반죽을 부풀려 부드럽게 만드는 기술이었다. 초기에는 이스트를 사용해 발효시킴으로써 부풀렸지만, 이 방법은 시간이 오래 걸리고 까다로웠다. 1800년대 중반부터 베이킹소다와 베이킹파우더를 사용하면서 사람들은 빵과 전혀 다른, 스펀지처럼 부드러운 케이크의 식감을 쉽게 만들게 되었다.

케이크는 대부분 둥글고 위는 평평한 형태를 지닌다. 왜 그럴까? 만드는 방법이 대체로 공 모양의 반죽으로부터 시작되기 때문이기도 하지만, 제빵의 역사를 연구한 학자들에 의하면 케이크는 초기부터 종교적 의식이나, 혹은 특별한 행사와 관련되어 발전했기 때문이다. 둥근 모양은 삶이 순환함을 의미하며 태양이나 보름달을 의미하기도 한다. 고대 그리스 사람들은 둥그런 케이크를 만들고 그 위에 촛불을 켜서 케이크가 달처럼 보이도록 했다. 이러한 행위는 달의 여신인 아르테미스를 찬미하기 위해서였다.

생일에 케이크를 만들어 먹기 시작한 것은 15세기 독일에서부터라고 한다. 하지만 케이크에 들어가는 재료들이 대부분 비싼 것들이어서 당시에는 귀족이나 부유한 자들만이 누릴 수 있는 호사였다고 한다. 하지만 이 당시에는 생일 케이크에 초를 꽂는 관습은 없었다. 그러다 18세기부터 독일에서 아이들 생일에 케이크를 준비하고 케이크에 초를 꽂아 축하하는 일이 보편화되기 시작하면서 오늘날까지 이어지고 있다.

케이크 속에 숨어 있는 물리와 화학

"요리가 예술이라면, 빵을 만드는 일은 과학"이라는 말이 있다. 빵과 케이크를 만든다는 것은 그 안에 들어가는 재료의 구성과 만드는 과정에서의 변수들을 과학적으로 정확하게 조절하고 관리해야 한다는 뜻이다.

일반적인 케이크의 기본적인 재료는 기능에 따라 구조를 만들어주는 강화제(밀가루, 계란 등), 단백질 섬유를 짧게 만들어주고 부드러운 식감을 만드는 연화제(설탕, 버터, 발효제 및 팽창제), 내부의 물기를 흡수하는 건조제(밀가루와 전분, 코코아 분말, 우유 분말 등), 반죽에 수분을 제공하는 보습제(물, 우유, 액상 설탕, 계란 등), 향미를 내기 위한 향신료(바닐라나 코코아 분말 혹은 계피 등) 등으로 나뉜다. 여기에 보이지 않는 중요한 첨가물이 있는데, 그것은 바로 공기다. 각 첨가물들은 반죽과 가열 과정에서 서로 물리·화학적 반응을 일으켜 맛있는 케이크로 탈바꿈한다.

입안에서 사르르 녹는 케이크의 식감은 다름 아닌 공기에서 나온다. 케이크 속에 들어 있는 공기의 많은 부분은 초기에 지방과 설탕이 혼합되는 '크리밍' 과정에서 들어온다. 공기는 설탕 결정의 거친 표면을 따라 모이는데, 결정 입자가 작을수록 많은 공기가 크림 안에 들어올 수 있기 때문에 입자가 고운 정제당을 사용하는 것이 좋으며, 강하게 많이 휘저을수록 공기의 양이 증가한다. 이렇게 들어온 공기는 지방 방울 속에 갇혀 거품을 만든다. 케이크를 만드는 과정 중 가장 힘든 노동을 필요로 하는 부분이기도 하다. 1857년 미국의 요리사 레스리는 자신의 저서에서 '버터와 설탕을 섞는 일이 케이크 만들기에서 가장 힘든 과정이다. 이일은 남자 하인을 시켜서 하라'고 기술했을 정도다.

케이크 속 설탕 성분은 초기 혼합 과정에서 공기의 유입뿐만 아니라 밀가루의 단백질을 부드럽게 하는 역할도 한다. 또한 설탕은 캐러멜이 되는 온도를 낮추어 케이크의 표면을 낮은 온도에서도 갈색으로 변화시키며, 케이크를 촉촉하게 만들어 완성된 케이크의 부드러움을 오래도록 유지시켜준다. 밀가루는 함께 들어가는 재료들을 붙잡아 케이크가 모양을 유지할 수 있도록 해주는데, 이때 글루텐이 중요한 역할을 한다. 밀가루와 물을 혼합하면 밀가루 속 단백질들이 뭉쳐서 그물망 형태의 글루텐을 만드는데,

밀가루 속 단백질이 많을수록, 그리고 오래 휘저을수록 글루텐의 양이 증가한다. 글루텐의 양이 증가하면 반죽의 점도가 높아져 질기고 부드럽지 못한 식감을 만들어낸다. 그러므로 케이크에는 제빵용 고단백 강력분(단백질량이 12~14%)을 사용하지 않고 단백질량이 10% 이하인 저단백 밀가루를 사용해야 하며, 반죽은 오래 휘젓지 않는 것이 좋다.

17세기까지 계란이 케이크를 부풀리는 역할을 하는 재료였으나 점차 이스트에게 그 자리를 넘겨주게 된다. 그리고 1840년대에 베이킹소다가, 1860년대에는 베이킹파우더가 개발되면서, 이것들이 이스트 대신 케이크를 부풀려 부드러운 식감을 만들었다. 오늘날 우리가 알고 있는 흰 밀가루와 베이킹파우더를 사용한 케이크는 19세기 중반에야 비로소 등장한다. 베이킹소다는 탄산수소나트륨, 혹은 중탄산나트륨으로 불리는 물질이며, 베이킹파우더는 알칼리 성분(일반적으로 베이킹소다)과 하나 이상의 산성염(타르타르 크림 등), 그리고 비활성 녹말(옥수수 등)의 혼합물이다. 베이킹소다에 물과 열을 가하면 산과 알칼리가 반응하여 탄산가스를 만들고, 이것이 크리밍 과정에서 반죽 안에 만들어진 작은 공기주머니 속으로 들어가게 된다. 베이킹소다나 베이킹파우더를 넣으면, 공기를 가능한 많이 넣기 위해 힘들게 저어야 하는 크리밍 과정을 화학 반응이 대신해주기 때문에 모든 재료를 한꺼번에 넣고 전기 교반기로 저어주면 끝난다.

케이크가 구워지는 3단계

반죽이 완성되었으니 이제 오븐에 넣어 구워보자. 케이크를 굽는 과정은 3단계로 나눌 수 있다. 온도가 올라가면 전체적으로 반죽의 부피는 팽창한다. 팽창의 주된 원인은 반죽에 포획되어 있던 작은 공기 방울들의 부피가 증가하고 베이킹파우더에서 탄산가스가 만들어지기 때문이다. 반죽이 60 ℃가 되면 수증기가 만들어지기 시작해 밀가루의 글루텐망을 더욱 부풀린다. 탄산가스와 수증기가 부피 팽창의 90%를 담당하며 열팽창이 10% 정도 기여한다.

80 ℃가 되면, 계란 단백질이 응고하고 전분 입자가 물을 흡수하여 젤 상태가 되며 글루텐은 탄성을 잃어버리면서 부푼 반죽이 케이크 모양으로 굳어진다. 이 단계에서 구멍이 숭숭 뚫린 스폰지 같은 부드러운 케이크의 조직이 만들어지는 것이다.

반죽의 표면이 마르면서 본격적으로 케이크의 맛이 만들어지기 시작한다. 바로 마이야르 반응이 마법을 부리는 시점이다. 당류나 아미노산 성분은 열을 받으면 변화하는데, 색이 먹음직스러운 갈색으로 변하고 빵이나 케이크에 식욕을 자극하는 풍미 물질이 만들어진다. 이 반응은 프랑스의 화학자 마이야르(Louis-Camille Maillard)에 의해 밝혀졌기 때문에, 그의 이름을 따서 '마이야르 반응'이라고 부른다. 이 과정이 끝나면 오븐에서 케이크를 꺼내야 하는데, 언제 꺼내야 할지를 결정하는 것이 매우 중요하다. 케이크가 팬으로부터 살짝 수축되고 껍질을 손가락으로 살짝 눌렀을 때 스프링처럼 다시 올라오는 단계가 되면 적당하다. 그리고 가는 철사나 얇은 칼로 찔러 봤을 때 아무것도 묻어나지 않아야 한다. 오븐에서 커낸 케이크는 팬 속에서 약 10분 정도 열을 식혀 안정화시킨 뒤에 팬에서 꺼내 표면의 수분과 열이 잘 빠져나갈 수 있도록 철망으로 만든 선반에 올려놓고 식혀야 한다.

케이크를 잘 만들기 위한 기본 원칙

그런데 레시피대로 따라해도 맛있고 보기 좋은 케이크를 만들기는 쉽지 않다. 이는 레시피를 정확히 따라하지 않았거나 사용하는 오븐의 온도가 설정한 온도와 차이가 크기 때문일 가능성이 높다. 왜냐하면 케이크를 만드는 일은 과학이기 때문이다.

케이크를 잘 만들기 위해서는 조심해야 할 몇 가지 원칙이 있다. 모든 재료의 양은 레시피에 있는 대로 정확히 계량해서 넣어야 한다. 첨가되는 재료들이 적절한 균형을 이루어야만 제 기능을 발휘하기 때문이다. 가열 과정이 가장 중요한데, 오븐은 반드시 예열을 해야 한다. 예열을 하지 않으면 가열 시간이 늘어나 수분의 증발이 많아져서 건조하고 부스러지기 쉬운 케이크가 된다. 또 정확한 온도에서 구워야 하는데, 온도가 낮으면 익는 시간이 오래 걸려 건조하고 색이 흐려진다. 반면 너무 높으면 내부가 잘 익기 전에 표면이 탄다. 또 굽는 중간에 오븐을 열면 오븐 내에 형성된 수증기가 빠져나와 오븐 내부가 잠시 진공 상태가 되면서 케이크의 스펀지 조직이 무너질 수 있기 때문에 케이크가 다 구워질 때까지는 문을 열지 말아야 한다.

전 노르웨이 총리 옌스 스톨텐베르그는 다음과 같이 말했다. "가을의 어둠이 내려앉으면, 우리들이 기억하게 될 것은 케이크, 허그, 대화에의 초대 그리고 단 한 송이 장미와 같은 작은 친절이다." 크리스마스처럼 특별한 날이 아니더라도 가족과 함께 맛있는 케이크를 나누어 먹으며 서로에게 베풀었던 작은 친절을 기억했으면 한다.

차갑고 달콤한 과학, 아이스크림

무더운 여름날 달콤하고 부드러운 아이스크림이 혀끝에 닿는 느낌은 생각만으로도 우리를 행복하게 만든다. '무슨 맛을 고르지?' 아이스크림 가게에서 우리는 다양한 아이스크림을 보면서 행복한 고민에 빠진다. 바닐라를 고른 당신은 '논리보다는 영감을 더 믿는' 조금 충동적인 성격이라고 할 수 있다. 딸기 맛을 골랐다면 그것은 당신이 관대하고 헌신적이며 내향적인 성격이기 때문이다. 만일 초콜릿에 끌린다면 당신은 드라마틱하고 적극적이며 유혹적이지만 잘 속아 넘어가는 성향을 지니고 있다. 또 무지갯빛 셔벗을 좋아한다면 분석적이며 결단성이 있으나 비관적인 성격을 지니고 있으며, 커피 맛 아이스크림을 선택했다면 순간의 열정을 중요하게 생각하는 드라마틱한 성격의 소유자일 가능성이 높다.

아이스크림, 사람들은 언제부터 이 맛있는 디저트를 먹기 시작했으며 왜 우리는 그 맛의 유혹에 빠지는 것일까? 아이스크림 속에 녹아 있는 차갑고 달콤한 과학을 찾아 떠나자.

아이스크림의 족보

아이스크림의 역사는 대략 기원전 200년경부터 시작되었는데, 중국에서 우유와 밥을 섞고 눈 속에 넣어 얼려 먹은 것이 처음이라고 전해진다. 중국인들은 냄비에 시럽 형태의 반죽을 넣고 눈과 소금의 혼합물로 겉을 싸서 얼리는 아이스크림 제조기를 처음 발명했다. 한편 유럽에서는 알렉산더 대왕이 꿀을 섞은 얼음을 즐겨 먹었다고 전해지며, 로마의 황제들도 높은 산에 사람들을 보내 눈과 얼음을 가져오게 하여 주스나 과일과 섞어 먹었다고 한다. 하지만 요즘 우리가 말하는 아이스크림과 닮은 아이스크림은 1300년대에 마르코 폴로가 중국의 아이스크림 제조법을 유럽에 소개하면서부터 시작됐다. 초기의 아이스크림은 대부분 왕이나 귀족들을 위한 특별한 음식이었다. 대중들에게 아이스크림을 팔기 시작한 것은 17세기 프랑스에서부터였는데, 우유와 크림, 버터, 계란을 섞어서 만들었다. 하지만 아이스크림이 널리 대중화된 것은 제이콥 퍼셀(Jacob Fussell)이 1815년에 미국 펜실베니아에 아이스크림 공장을 만들면서부터라고 할 수 있다. 그리고 아이스크림은 과학기술의 발달과 함께 점점 더 일반 대중에게 가까이 다가선다. 1870년대 독일에서 냉동기가 발명되고, 증기 기관과 전기 에너지의 활용, 자동차의 발달로 아이스크림은 생산과 운송, 저장이 점점 더 용이해졌다. 그리고 아이스크림은 빠르게 퍼져나가기 시작했다.

아이스크림, 프로즌 요구르트, 셔벗, 젤라또, 소르베 등 다양한 종류의 냉동 디저트류가 있는데 이것들은 어떻게 다른 걸까? 아이스크림이라고 불리는 유사한 것들의 족보를 한번 들여다보자. 나라마다 아이스크림에 대한 조금씩 다른 규정을 가지고 있지만, 공통점은 일정 수준 이상의 유지방을 포함한다는 것이다. 예를 들어, 미국의 경우 유지방이 10% 이상, 유고형분이 16% 이상이어야 한다. 그 외에 설탕은 12~16%, 공기에 의한 부풀림의 정도를 나타내는 오버런(overrun)은 100% 미만이어야 하는데 보통은 50%에서 80% 정도도. 즉 공기와 아이스크림 내용물의 비율이 거의 반반에 가깝다는 말이다. 그 밖에도 밀도가 1L당 0.54 kg 이상이어야 한다. 영국의 경우 유지방이 5% 이상이며 유지방을 제외한 유고형분이 7.5% 이상이어야 한다. 우리나라에서는 유지방이 6% 이상, 유고형분이 16% 이상이어야만 '아이스크림'이라고 부를 수 있다. 이탈리아어로 아이스크림을 뜻하는 '젤라또'는 전통적으로 계란이나 안정제 등이 첨가되지 않으며 오버런이 20~30%로 낮아서 밀도가 높다. 또 유지방이 5% 수준이어서 엄

밀히 말하면 젤라또는 아이스크림의 범주에 속하지 않는다. 프로
즌 요구르트도 유지방이 0.5~0.6%, 유고형분도 8~14%로 낮으
며 오버런 또한 50~60% 정도다. 셔벗은 유지방 성분이 1~2%에
불과하고 유고형분이 5% 미만으로 아이스크림과 빙과류의 혼혈
이라고 할 수 있다. 마지막으로 소르베는 유지방을 포함하지 않
으며 과일 주스 등을 아이스크림 제조기에서 만든 것이라서 빙과
류라고 말하는 것이 정확하다.

공기 반, 얼음 반

아이스크림은 우유와 공기가 만들어낸 마법
이다. 아이스크림에서 가장 필수적인 성분은 우
유다. 하지만 또 하나 핵심적인 성분이 있는데, 바
로 공기다. 눈에 보이지 않아 그 존재감을 느낄 수
는 없지만, 만일 아이스크림 안에 공기가 없다면 아
이스크림의 부드러움은 사라지고 말 것이다. 아이스
크림 속에 공기가 가득 들어 있다는 사실은 아이스크
림을 녹여보면 알 수 있다. 아이스크림이 녹으면 그 안에
간혀 있던 공기가 빠져나가면서 전체적으로 부피가 줄어들기 때
문이다. 아이스크림을 만드는 과정에서 재료를 휘저으며 공기가
들어가게 하는데 이때 들어간 공기의 부피에 따라 아이스크림의

밀도가 달라진다. 최저는 1L당 0.54 kg이어야 하며 고급 브랜드 일수록 오버런을 줄여 밀도를 높인다. 소위 프리미엄 아이스크림은 오버런이 50~60% 정도로 낮다.

아이스크림의 내부를 현미경으로 들여다보면, 크기 0.03 mm 정도의 얼음 결정과 공기 방울, 0.001 mm에서 0.1 mm 크기의 공 모양 액상 유지방이 설탕이나 다당류 용액, 우유 단백질로 구성된 액상 시럽 속에 분산되어 있다. 아이스크림은 많은 내용물들이 끈끈한 액상을 유지하고 그 속에 미세한 얼음 결정과 공기 방울이 떠 있는 '에멀션'이라는 특이한 상태다.

그래서 아이스크림에는 우리가 생각하는 것보다 훨씬 많은 설탕이 자당이나 포도당 형태로 첨가되어 있다. 차가우면 단맛을 느끼는 감각이 둔해지기 때문에 낮은 온도에서도 달콤하게 느껴지도록 많은 양의 설탕을 넣는다. 실온에 오래 놔둬서 완전히 녹은 아이스크림을 먹어보면 굉장히 달다는 것을 느낄 수 있다.

아이스크림이 맛있게 느껴지는 또 다른 이유는 지방 때문이다. 우유는 물이 87%, 지방 4%, 단백질 3.5%, 유당 5% 정도다. 물과 기름은 분자 구조의 특성상 원래는 서로 섞이지 않는다. 하지만 우유에는 우유 단백질이 유지방을 코팅하듯 감싸고 있어서 우유 속 수분과 분리되지 않고 잘 섞인다. 즉 우유 단백질이 물과 기름의 유화제 역할을 한다는 말이다. 하지만 아이스크림 속에서는 상황이 달라진다. 왜냐하면 아이스크림 속에 공기를 잡아두는 역할을 유지방이 해야 하기 때문이다. 이제 유지방 방울들은 완전히 분산되는 대신 적당히 결합하여 작은 방을 만들고 휘젓는 과정에서 들어온 공기를 그 안에 가둔다. 그러기 위해서는 또 다른 유화제가 필요하다. 계란 노른자 등에 들어 있는 '레시틴(lecithin)'이 그 역학을 한다. 레시틴은 유단백 대신 유지방 사이에 들어가 유지방들이 적당히 결합하여 공기를 가둘 수 있게 하면서 아이스크림의 형태를 유지할 수 있도록 한다. 다시 말해 안정제의 역할을 하는 것이다. 일반적으로 쓰이는 안정제는 젤라틴이나 계란 흰자 같은 단백질이다. 여기에 바닐라와 같이 향을 내는 첨가물을 넣어서 얼리면 아이스크림이 만들어진다.

순수한 물이라면 0 ℃에서 얼지만 아이스크림 믹스는 대략 영하 3 ℃는 되어야 언다. 물속에 다른 물질들이 녹아 있으면 그 양에 비례하여 어는점이 낮아지는 '어는점 내림' 현상이 나타나기 때문이다. 어는점 내림의 정도는 물속에 들어 있는 용질의 종류와 상관없이 양(물속에 녹아 있는 분자나 이온수)에 비례한다. 예를 들어 물 1 kg에 설탕 342 g이 들어간 용액(1몰)은 영하 1.86 ℃에서 언다. 소금은 1몰이 58.5 g이다. 하지만 소금($NaCl$)은 물속에서 소디움(Na^+)과 염소(Cl^-) 이온으로 분해되기 때문에 설탕과 같이 1몰을 넣어도 설탕 1몰을 넣을 때보다 두 배의 효과가 나타나 어는점이 영하 3.72 ℃로 훨씬 낮아진다. 겨울에도 바닷물이 잘 얼지 않는 이유이며 눈이 쌓인 길에 소금이나 염화칼슘을 뿌리는 이유이기도 하다. 눈이나 얼음에 소금을 뿌리면, 어는점이 내려가서 얼지 않게 된다. 게다가 염화칼슘은 녹으면서 열을 내기 때문에 눈을 녹이는 효과가 크다.

우리는 왜 아이스크림을 좋아할까?

시원함과 함께 아이스크림이 가지고 있는 달콤함과 부드러운 질감이 주는 기쁨 때문에 우리는 아이스크림을 좋아한다. 달콤함은 당으로부터 그리고 부드러운 질감은 지방과 공기, 미세하게 분산된 얼음 결정이 만들어낸 특별한 구조로부터 오는 것이다. 지방과 당은 사람들의 생존에 필수적인 물질이기 때문에 이러한 음식을 먹으면 뇌에서는 보상 회로가 작동하여 도파민이 분비된다. 부드러운 질감 또한 맛 이외에 우리가 느끼는 또 다른 형태의 기분 좋은 감각이라고 할 수 있다. 실제로 영국의 신경과학자들은 기능 자기공명영상장치(fMRI)를 이용한 연구를 통해, 아이스크림을 한 숟가락 먹으면 우리 뇌에서는 돈을 벌었거나 좋아하는 음악을 들을 때 활성화되는 부위와 동일한 부위가 활성화된다는 사실을 밝힌 바 있다.

그런데 가끔은 차가운 아이스크림을 빨리 먹다가 어지러움이나 두통을 느끼기도 한다. 이러한 현상을 '브레인 프리즈(brain freeze)' 혹은 '아이스크림 두통'이라고 부른다. 하버드대학 연구팀에 따르면, 아이스크림 때문에 입천장에서 갑작스러운 차가움을 느끼면 우리 몸이 뇌가 차가워지는 것을 막기 위해 전두엽의 전대뇌동맥을 팽창시켜 혈류를 급격히 증가시키는데 이때 순간적으로 압력이 상승하여 두통이 발생한다고 한다. 일반적으로 이러한 두통은 시간이 조금 지나면 저절로 사라지지만 따뜻한 물을 마시면 더 빨리 두통을 해소할 수 있다고 한다.

숫자로 보는 아이스크림

국민 1인당 아이스크림을 가장 많이 먹는 나라는 어디일까? 뉴질랜드는 1년에 1인당 28 L의 아이스크림을 먹어 세계 1위에 올랐다. 2위는 20 L의 미국, 3위는 호주가 뒤를 이었다. 그리고 4위와 5위는 재미있게도 추운 북유럽의 핀란드와 스웨덴이다. 우리나라는 4.5 L 정도에 불과했다. 2016년 〈이코노미스트〉는 아이스크림 소비량과 OECD 국제학생평가프로그램(PISA)의 성취도와의 상관 관계를 분석한 그래프를 발표했다. 이 그래프에 의하면, PISA 성취도는 1인당 아이스크림 소비량이 많을수록 높아진다. 즉 이 조사에 의하면, 아이스크림을 많이 먹을수록 머리가 좋아진다(?)는 추론이 가능하다. 하지만 성취도가 높은 우리나라나 일본, 홍콩 등 아시아의 몇몇 국가들은 이 상관관계에서 많이 벗어나 있다. PISA 성취도는 높지만 아이스크림 소비량은 적었다.

아마도 아이스크림을 즐길 만한 생활수준과 더 깊은 연관이 있다고 봐야 하는 게 아닌가 싶다.

아이스크림을 가장 잘 뜰 수 있는 온도는 영하 14 ℃에서 영하 12 ℃이며, 와플로 만든 아이스크림콘이 등장한 것은 1904년 미국 세인트루이스 세계 박람회 때 일로, 아이스크림을 팔던 사람이 접시가 동이 나자 와플을 팔던 사람과 컬래보레이션으로 장사를 하면서부터 시작되었다고 전해진다.

아무렴 어떠랴. 무덥고 지루한 여름날, 갑작스럽게 쏟아지는 한줄기 소나기처럼 더위를 식혀줄 차갑고 달콤한 아이스크림만큼 유혹적인 것도 없다. 달콤한 행복이 담긴 아이스크림을 먹으며 그 속에 녹아든 과학도 음미해보길 바란다.

쌉쌀한 맛이 생각날 때, 커피 한 잔의 과학

"어떤 커피를 즐겨 드시나요? 아메리카노 아니면 카페라테?"

임상심리학자 더바술라(Ramani Durvasula) 박사는 1,000명의 커피 애호가를 대상으로 좋아하는 커피의 종류와 성격의 상관관계를 조사했다. 물론 100% 정확한 분석은 아니고, 또 경계에 있는 사람도 있을 수 있지만 대체적인 경향은 볼 수 있다고 한다.

블랙커피를 좋아하는 사람은 한마디로 '순수파'다. 일을 복잡하게 생각하지 않고 인내심이 강하며 효율적인 편이다. 하지만 무뚝뚝하고 변화를 싫어하는 편이라서 다른 사람의 의견을 잘 듣지 않을 수 있다. 라테 종류를 좋아하는 사람은 편안함을 추구하고 다른 사람을 편하게 해주는 성격이라고 한다. 시간 약속에 관대하고 남들 돕기를 즐긴다. 하지만 지나치게 풀어지거나 자신을 철저하게 돌보지 못할 경우가 있다. 아이스커피를 좋아하는 사람은 새로운 것을 좋아하고 사회성이 좋고 대담한 편이며 유행을 선도하는 경우가 많다. 어린아이처럼 순수하고 자발적이며 상상력이 풍부한 편이다. 하지만 미봉책에 잘 빠지고, 늘 건강에 좋은 선택을 하는 것은 아니며 무모할 수도 있다. 디카페인 커피를 좋아하는 사람은 통제하기를 좋아하고 이기적이라는 평을 들을 수 있으며 강박적이며 완벽주의적인 경향이 있다. 늘 건강을 챙기며 좋은 선택을 하려고 노력한다. 하지만 규율이나 통제 등에 예민하고 걱정이 많은 편이다. 마지막으로 인스턴트 커피를 좋아하는 사람은 어떤 면에서는 전통적이며 태평스럽고 일을 끄는 경향이 있다. 되는대로 사는 편이며 너무 태평스러워 문제를 덮어두고 기본적인 건강도 잘 챙기지 않는다. 또한 계획을 잘 세울 줄 모르는 편이다.

완벽한 커피 한 잔의 기준

좋은 커피, 혹은 많은 사람들이 선호하는 커피는 어떤 커피일까? 커피 질에 대한 과학적인 측정을 처음 시도한 것은 1950년대 미국 MIT대학 화학과 교수 록하트(E.F. Lockhart)였다. 그는 많은 커피 애호가들을 대상으로 설문조사를 통해 미국인들이 가장 선호하는 커피의 특성을 알아내고자 했다. 이 조사를 토대로 그는 추출률과 강도를 두 축으로 하는 '커피 추출 조절 차트'를 만들었다. 완벽한 커피는 추출률이 18%에서 22% 사이이며, 강도는 TDS (Total Dissolved Solids, 전용全溶 함유 농도)가 1.15%에서 1.35% 사이에 위치한다고 발표했다. 훗날 이 수치는 미국 스페셜티커피협회(SCAA)에서 미국 사람들이 가장 선호하는 좋은 커피로 공인되었다.

추출률이란 분쇄된 원두로부터 녹아 나온 커피 입자의 양을 뜻한다. 즉 분쇄된 건조 커피의 양을 100이라고 했을 때 추출을 통해 이 중 몇 %가 커피잔 속에 녹아 나오는지를 의미한다. 분쇄된 커피의 18%에서 22%만 녹아 내려오고 나머지는 여과지에 찌꺼기로 남게 되는 추출 상태가 사람들이 가장 선호하는 커피의 조건이다. 또 TDS 퍼센트는 추출된 커피 한 잔 속에 실제로 들어 있는 커피 알갱이의 퍼센트를 뜻하며 일반적으로 '추출 강도'라고 알려져 있다. 즉 한 잔의 커피는 대부분 물이 차지하고 있으며 여기에 커피 고형 성분은 많아야 고작 2% 이하만 녹아 있다. 여기서 '강도 높은 커피(strong coffee)'란 쓴맛이나 카페인 양과는 거의 상관이 없으며, 커피잔에 든 물에 녹아 있는 커피 성분의 비가 높음을 의미한다. 요즈음은 빛의 굴절률 측정을 통해 쉽게 수용액 속 TDS 농도를 측정할 수 있는 장치가 있어 그만큼 좋은 커피 추출을 과학적으로 재현하기가 용이해졌다. 커피는 바디감과 풍미가 적절히 조화되었을 때 맛있는 커피라 할 수 있는데, 물에 잘 녹는 용해성 물질들은 맛과 향에 영향을 주며 녹지 않는 고형성분은 주로 바디감에 영향을 미친다. 그러므로 같은 강도의 커피라고 해도 고형 성분에 따라 우리가 느끼는 커피의 맛과 느낌은 많이 다를 수 있다. 유럽인들은 미국인들에 비해 강도가 조금 더 높은(1.2~1.45% TDS) 커피를 선호하는 것으로 알려져 있으며, 브라질의 경우 2%가 넘는, 매우 강한 커피를 선호한다고 한다. 우리나라의 경우 아직 체계적으로 조사된 결과는 없지만 대체로 미국과 유사할 것으로 예상된다.

커피 한 잔의 수학과 과학

예측 가능하고 효과적이며 가장 매끄러운 커피 추출 공식은 없을까? 최근 아일랜드 리메릭대학(University of Limerick) 연구팀은 수학적 모델을 통해 이러한 답을 찾는 연구를 진행했다. 분쇄된 커피 분말에 뜨거운 물을 붓는 단순한 일이지만 드립 커피의 추출은 대단히 복잡한 과정을 거친다. 이 과정에서 커피 맛에 영향을 미치는 중요한 요소들은 분쇄된 커피 분말의 크기, 물의 성분과 온도, 물이 통과하는 속도, 커피 분말의 밀도 등이 있다.

그렇다면 커피 품질에 가장 큰 영향을 주는 변수는 무엇일까? 연구자들은 커피 분말의 크기가 가장 중요한 변수라고 말한다. 드립 커피의 경우 분말 크기가 클수록 쓴맛이 줄어든다. 왜냐하면 분말 크기가 클수록 분말과 분말 사이의 간격이 넓어서 물이

쉽게 빠져나가 반응 시간이 짧아지기 때문이다. 반면 곱게 갈아서 입자 크기가 작아지면 물이 쉽게 통과하지 못하면서 물과의 접촉 시간과 면적이 늘어나 추출률이 높아진다. 커피 분말의 크기뿐만 아니라 분포도 맛에 큰 영향을 준다. 분말의 크기가 같을 경우, 모든 분말에서 추출되는 맛이 동일하지만, 크고 작은 분말이 섞여 있으면 균일하지 못한 맛의 커피가 추출된다.

커피 한 잔에서 98% 이상을 차지하고 커피 추출의 주역인 물 또한 중요한 변수다. 특히 물에 이미 녹아 있는 고형물의 농도(TDS)가 특히 중요하다. 고형물의 농도가 물 1 L당 300 mg 이상이면 커피의 성분이 물과 물 분자 사이에 녹아 들어갈 공간이 충분하지 않아 커피 추출이 잘 안 된다. 반면 고형물의 농도가 아주 낮으면 커피 성분의 용해가 너무 빠르고 많이 일어나 신맛이나 쓴맛이 강해진다. 가장 적합한 농도는 150 mg/L 정도다. 우리나라에서 팔리고 있는 생수는 대체로 TDS 값이 30 mg/L 정도로 낮아 신맛이 강해질 수 있으며, 유럽산 생수의 경우에는 TDS 값이 200 mg/L 이상이어서 커피 추출에는 부적합한 것으로 알려져 있다. 다행히 우리나라 수돗물의 TDS 값은 80 mg/L에서 100

mg/L로 커피 추출에 적당하다. 하지만 염소 성분이 남아 있으면 커피 속 산을 중화시키고 불쾌한 냄새가 커피의 향을 망치기 때문에 정수 필터를 통과한 수돗물을 사용하는 것이 좋다. 또 물의 온도는 90 ℃에서 95 ℃ 정도가 적합하다고 한다.

카페인의 마술

나른한 오후에 마시는 커피 한 잔은 졸음을 쫓아주고 우리에게 활력을 준다. 잘 아는 바와 같이 카페인 때문이다. 카페인은 커피 열매나 차 잎을 벌레로부터 지켜주는 자연적인 살충제이지만 동물들에게는 일종의 흥분제로 작용하는 물질이다. 우리 몸에는 아데노신이라는 화학물질이 있다. 아데노신은 우리 몸의 DNA를 구성하는 핵산 가운데 하나인데 뇌에서는 각성 상태를 완화시키고 잠이 들게 하는 신경전달물질이다. 아데노신의 양은 아침부터 점차 증가하기 시작해 늦은 오후가 되면 우리를 졸립게 만든다.

그런데 카페인은 바로 이 아데노신의 활동을 방해하는 물질이다. 카페인은 아데노신과 화학적 구조가 비슷하기 때문에 아데노신과 결합할 신경의 수용기에 결합이 가능하다. 우리가 커피를 마시면 카페인이 뇌 속에 들어가 아데노신이 결합하기 전에 먼저 수용기에 결합함으로써 아데노신이 졸음을 유도하는 작용을 하지 못하게 방해한다. 마치 어떤 건물 주차장에 외부 손님의 차가 먼저 들어와 주차를 해놓는 바람에 그 건물에서 근무하는 사람들이 주차를 못하고 주차장을 배회하는 것과 유사하다. 이런 식으로 졸음을 몰아내는 것이다. 우리 몸에서 카페인의 영향이 반으로 줄어드는 시간은 대략 5시간 정도다. 즉 5시간이 지나면 섭취했던 카페인의 절반이 배출된다. 그리고 5시간이 더 지나면 카페인의 1/4가량 남는다. 그러므로 저녁에 커피를 마시면 잠을 설칠 가능성이 높다.

카페인은 또 우리에게 행복한 느낌을 주는 도파민이라는 신경 전달물질의 분비를 촉진한다. 코카인 등의 마약들도 도파민 분비를 촉진시켜 행복감과 희열을 느끼게 하지만 습관성이 강해 문제가 되지만, 커피는 비슷한 역할을 하면서도 습관성이 거의 없어서 많은 사람들에게 사랑을 받는 것이다.

최근에는 커피가 우리 건강에 좋다는 여러 가지의 연구 결과들이 발표되고 있다. 더욱이 하루 두세 잔 정도의 커피는 알츠하이머성 치매 예방에도 도움이 된다는 연구 결과도 있다. 커피는 기본적으로 강력한 항산화제다. 그렇기 때문에 우리 몸에서 발생하는 활성 산소를 제거하는 역할을 해 건강에 도움이 된다는 의견이다. 2012년에 〈뉴잉글랜드의학 저널(New England Journal of

Medicine)〉에 발표된 프리드먼(Freedman ND) 박사팀의 연구 결과에 의하면, 커피를 꾸준히 마시는 사람이 그렇지 않은 사람에 비해 사망 위험도가 낮다고 한다. 하루에 네댓 잔의 커피를 마시는 사람은 그렇지 않은 사람에 비해 여성의 경우 16%, 남성의 경우 12% 사망 위험이 낮은 것으로 조사되었으며, 두세 잔의 커피도 사망 위험을 각각 13%와 10% 가량 낮추는 것으로 보고되었다.

가장 효율적인 커피 브레이크

하지만 일반적으로 하루에 섭취하는 카페인의 양은 300~400 mg을 넘지 않는 것이 좋다고 한다. 이는 두세 잔 정도의 커피에 해당한다. 그렇다면 하루 중 언제 커피를 마시는 것이 가장 효율적일까?

신경과학자인 스티븐 밀러(Steven Miller) 박사는 코르티솔이라는 호르몬이 하루 동안 변하는 사이클에 근거로 오전 10시에서 11시, 그리고 오후 1시 반부터 2시 사이가 가장 효율적인 커피 브레이크라고 말한다. 코르티솔은 부신피질에서 만들어지는데, 여러 가지 기능이 있지만 그중 하나가 우리가 깨어 있게 하는 역할이다. 그런데 코르티솔은 아침 8시부터 9시 사이에 가장 많이 만들어지고 점차 감소하다 점심시간이 되면 약간 다시 상승하게 된다. 그 후 점차 감소하다가 오후 5시 30분에서 6시 30분 사이에 다시 작은 피크를 이룬다. 그러므로 정신을 맑게 하려고 커피를 마신다면, 이른 아침에 마시는 커피는 효율이 떨어진다. 코르티솔이 줄어드는 점심식사 전후가 효율적이다. 커피는 단순히 졸음을 쫓기 위해 마시는 약이 아니다. 이러한 설명은 생리학적 효율성만을 고려한 것이다.

커피 속의 카페인은 심장을 두근거리게 하고 힘이 솟게 한다. 그런데 이러한 현상은 우리가 사랑에 빠졌을 때 느끼는 감정과 거의 유사하다. 그러므로 커피를 마시면서 데이트를 한다면 심장 두근거림이 자신과 데이트를 하고 있는 사람 때문이라고 느껴 사랑에 빠질 확률이 높아지는 '오귀인 효과(misattribution effect)'가 나타날 수도 있다. 그러므로 사랑하고 싶은 사람이 있다면, 함께 분위기 좋은 카페에 앉아 진한 커피 한 잔을 마시며 이야기 나누기를 권한다.

작은 고추가 맵다

우리의 속담에 '작은 고추가 맵다'는 말이 있다. 겉보기에는 작고 볼품없는 사람이 재주가 뛰어나다는 뜻이다. 다시 말해 사람의 가치는 겉모습만으로는 판단할 수 없음을 뜻한다.

'작은 키'는 일반적으로 그 시대 사람들의 평균 키보다 작다는 의미다. 그렇다면 인류의 평균 키는 시대에 따라 어떻게 달라졌을까? 연구에 의하면, 70만 년 전부터 20만 년 전까지 인류의 평균 키는 대략 157.5 cm였다고 한다. 그리고 20만 년 전부터 2만 8,000년 전까지 살았던, 현생인류와 가장 유사한 네안데르탈인의 경우 남성은 165.1 cm, 여성은 155 cm 정도였다고 한다.

9세기에서 11세기까지 중세에는 평균 키가 173.4 cm로 지금과 유사했지만, 17세기부터 19세기까지는 167 cm 정도로 오히려 줄어들었다고 한다. 이러한 현상이 일어난 이유는 중세 유럽의 따뜻한 기후 때문이다. 그 후 산업혁명으로 농업과 공업 생산량이 증가하고 인류의 생활이 보다 나아지면서 평균 키가 다시 증가하기 시작했다. 평균 키의 증가가 뚜렷이 나타나기 시작한 시기는 지역마다 조금씩 다르지만 대략 1900년대 초반부터다.

우리나라의 경우 조선시대 남성의 평균 키는 161 cm, 여성은 149 cm로 조사되었다. 현재 우리나라 사람들의 평균 키(2016년 기준)는 남성이 173.5 cm, 여성이 161.1 cm로 각각 세계에서 45번째와 46번째로 큰 편이다. 아시아에서는 가장 키가 큰 나라가 되었다. 세계에서 가장 키가 큰 나라는 남성의 경우 보스니아-헤르체고비나(183.9 cm)이고 여성의 경우 네덜란드(169.9 cm)다. 다른 아시아 국가들의 경우, 일본은 남성이 170.7 cm, 여성은 158.0 cm였으며, 중국은 남성이 167.0 cm, 여성은 158.6 cm이다. 한편 북한은 남성 평균 신장이 165.6 cm, 여성은 154.9 cm이다.

키 작은 위인들

사람들에게 키나 체구가 작다는 것은 신체적 콤플렉스다. 어쩌면 그래서 키가 작은 사람들이 이러한 콤플렉스를 극복하기 위해 키가 크고 신체적 조건이 좋은 사람에 비해 더 많은 노력을 했을 수도 있다. 그래서 같은 맥락의 다른 속담도 있다.

'작은 고추가 맵다.'

그렇다면 정말 작은 사람들 중 어떤 뛰어난 사람들이 있을까? 우리가 잘 아는 두 명의 천재 음악가가 이런 '작은 고추'에 해당한다. 모차르트는 163 cm로 당시 평균 키보다 약간 작은 편이었고, 베토벤 역시 162 cm에 불과했다. 사망한 지 200년이 흐른 지금도 근대 철학을 대표하는 인물로 남아 있는 독일의 철학자 이마누엘 칸트도 마찬가지다. 키가 작고(155 cm 가량) 등이 굽어 꼽추처럼 보였을 정도지만 대표적인 '작지만 매운 고추'라 할 수 있다. 미술계에서는 피카소가 그런 인물에 속한다. 그도 163 cm로 역시 평균 키에 못 미쳤지만 미술계에 큰 획을 그은 위대한 예술가였다. 영국 수상이었던 윈스턴 처칠 역시 167 cm로 평균 키에는 미치지 못했다.

우리나라의 인물 중에는 귀주대첩을 승리로 이끈 고려의 강감찬 장군이 있다. 그의 키는 고작 151 cm였다고 한다. 고려시대 남자 평균 키가 162 cm 전후였다고 하니 강감찬 장군 역시 키가 작아도 아주 작은 편이었다. 조선 후기 동학농민운동의 지도자 전봉준 장군도 키가 152 cm에 불과해 '녹두'라는 별명이 생겼으며, '녹두장군'이라 불렸다.

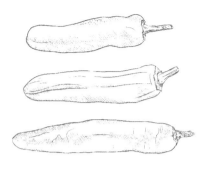

매운 고추의 서열, 스코빌 지수

이제 진짜 고추 이야기를 해보자. 고추는 매워야 제 맛인데, 그 매운맛이란 무엇이고 그 정도는 어떻게 알 수 있을까? 매운맛을 나타내는 스코빌 지수(Scoville scale)라는 것이 있는데, 이것은 매운맛을 가진 음식의 매운 정도를 나타내는 수치다. 미국의 약사 윌버 스코빌(Wilbur Scoville)이 1912년에 만든 지수로, 매운맛의 정도를 SHU(Scoville Heat Unit)라는 단위로 나타낸다.

스코빌 지수가 처음 만들어졌을 때는 사람들이 직접 먹어서 매운맛을 측정했다. 측정하고자 하는 마른 고추의 무게를 정확히 재고 알코올에 녹여 매운 성분인 캡사이신을 추출해낸 뒤 설탕물에 조금씩 희석시켜 가면서 매운맛이 느껴지지 않을 때까지 다섯 명의 훈련된 매운맛 감별사들이 맛을 보는 식으로 측정했다. 이들 중 최소 3명이 매운맛을 느끼지 않을 때까지 시음을 계속하여 그때의 설탕물양으로 지수를 결정했다. 매운 정도는 이 희석된 설탕물의 양을 기준으로 100 SHU의 배수로 등급을 나누었다. 전혀 맵지 않은 파프리카가 0이며 매울수록 SHU값이 커지고, 고추의 매운맛이 나게 하는 순수한 캡사이신의 매운맛은 1,500만~1,600만 SHU가 된다. 우리가 맵다고 느끼는 청양고추의 경우 고추에 따라 차이가 있지만 최대 1만 2,000 SHU가 된다고 한다. 즉 청양고추 기름 1수저는 설탕물 1만 2,000 수저로 희석시켜야만 매운맛을 못 느끼게 된다는 말이다.

하지만 이러한 방식은 부정확하기 때문에 측정하는 사람들에 따라 50% 정도까지도 차이가 난다. 그래서 1980년대부터는 매운맛을 내는 캡사이신 종류 물질의 정량적인 양을 측정해서 지수를 결정했다. 즉 고성능 액체 크로마토그래피(HPLC, High-Performance Liquid Chromatography)라는 방식으로 매운맛을 내는 물질의 함량을 측정한 후 기존의 스코빌 지수로 환산한 것이다. HPLC로 측정한 캡사이신의 농도가 1 ppm(100만분의 1)이면 여기에 16을 곱하여 스코빌 지수로 환산할 수 있다. 앞에서 말한 청양고추의 경우 스코빌 지수가 1만 2,000이면, 마른 청양고추 속에는 매운맛을 내는 물질의 농도가 750 ppm이라는 말과 같으며, 1 g의 마른 청양고추에는 매운맛을 내는 물질이 0.00075 g이 들어 있다는 것을 의미한다.

우리나라에서 매운 고추의 대명사는 청양고추(4,000~1만

2,000SHU)로 정말 '작은 고추가 맵다'는 속담을 실감하게 만든다. 하지만 청양고추의 매운맛은 다른 나라의 매운 고추들과 비교하면 매운 축에도 끼지 못한다. 지금까지 알려진 세계에서 가장 매운 고추는 '죽음의 사신'이라는 별명을 가진 캐롤라이나 리퍼(Carolina Reaper)다. 이 작은 고추는 빨갛고 쭈글쭈글하며 조그마한 꼬리가 특징인데, 2013년에 《기네스 세계 기록》은 과거의 기록 보유자 트리니다드 스콜피온 버치 T 페퍼(146만 SHU)를 누르고 세계에서 가장 매운 고추로 공인했다. 이 고추의 스코빌 지수는 자그마치 157만~220만 SHU로 알려져 있다. 그런데 얼마 전 트리니다드 스콜피언 버치 T 페퍼가 2배 정도 더 매운맛을 가진 고추로 진화하면서 매운맛의 왕좌를 되찾았다. 최근 이들을 밀어내고 매운맛의 지존이 된 고추는 페퍼엑스(pepper X)다. 페퍼엑스의 스코빌 지수는 무려 318만 SHU나 된다. 참고로 우리가 자주 먹는 풋고추는 1,500 SHU 정도다.

매운맛의 과학

고추의 매운맛은 사실 우리가 느끼는 단맛, 쓴맛, 짠맛, 신맛, 감칠맛과 같은 기본 맛은 아니다. 고추와 같이 매운 음식을 먹게 되면 그 속에 있는 캡사이신이라는 물질이 혀에 있는 통증을 느끼는 TRPV1이라는 수용체와 결합한다. 이 수용체는 통증과 함께 열을 감지하는데, 캡사이신과 반응해 통감과 열감을 뇌에 전달한다. 이러한 강한 감각이 전달되면 뇌는 입 안의 통증과 뜨거움을 완화시키기 위해 반응한다. 즉 대사활동을 증가시키고 땀을 내서 열을 식히고 침과 점액의 양을 증가시켜 자극물질을 씻어내려 한다. 콧속 섬유질이 자극을 받아 염증 반응을 일으키며, 눈에서도 눈물을 흘린다. 더 나아가 식도에 있는 통증 수용체는 가슴이 뜨겁게 달궈지는 느낌을 일으키고, 자극을 받은 격막신경은 폐를 자극해 딸꾹질을 유발한다. 위에서 경련을 일으키기도 하고 소화율이 증가해 설사를 유발할 수도 있다.

이와 함께 캡사이신은 교감신경을 활성화해서 아드레날린을 분비시키고 통증을 완화하기 위해 우리 뇌는 천연 진통제인 엔도르핀도 방출한다. 그래서 통증과 함께 쾌감도 느끼는데, 이것이 매운맛을 찾는 이유이자 중독되는 이유다. 하지만 이러한 통증은 뇌에서 느끼는 열 감각이기 때문에 실제로 혀나 건강한 소화기관을 상하게 만들지는 않는다. 반면 박하는 매운맛이 작용하는 것처럼 수용체에 반응하여 차갑고 시원하게 느껴지는 감각으로 인지된다.

매운맛을 즐기는 성향과 성격은 관계가 있을까? 연구에 의하면, 스릴을 즐기는 성향을 가진 사람들이 그렇지 않은 사람에 비해 매운 음식을 더 잘 즐긴다고 한다. 즉 스카이다이빙이나 익스트림 스포츠, 모험, 여행을 즐기는 사람들이 스코빌 지수가 높은 음식을 선호한다고 알려져 있다.

그렇다면 이들은 매운맛을 더 즐기는 유전자를 가지고 있는 것일까? 그렇지는 않다는 게 정설이다. 이들도 동일한 수용체를 지니고 있지만, 매운 음식에 노출되는 시간이 늘어나면서 캡사이신이나 다른 매운 음식이 수용체로부터 뇌로 통증 신호를 전달하는 신경전달물질인 'P 물질'을 감소시킴으로써 얻어진 후천적 특성이라고 한다.

요즈음 매운맛의 음식이 모든 분야에서 열풍을 일으키고 있다. 경기가 어려울 때나 더울 때 매운맛의 음식이 더 잘 팔린다는 속설이 있다. 스트레스를 해소하기 위해 이열치열의 매운맛을 즐기는 소비자와 보다 자극적인 음식으로 소비자들을 유인하려는 식품업계의 합작품이 아닐까 생각한다.

그렇다면 이런 음식들은 얼마나 매울까? 2017년 초 미국의 CNN에서는 '매운 한국 음식 TOP7'을 선정한 적이 있다. 7위는 '홍초불닭', 6위는 '동대문 엽기떡볶이'가 차지했다. 맵기로 유명한 '무교동 낙지볶음'은 3위였다. 2위는 '신길동 매운짬뽕'이었는데, 하도 매워서 50대 이상의 손님에게는 음식을 팔지 않는다고 한다. 그렇다면 가장 매운맛은 무엇이었을까? 1위를 차지한 음식은 '온누리에 매운돈가스'였는데, 돈가스 소스를 스코빌 지수가 8만~100만 SHU인 부트 졸로키아(Bhut Jolokia) 고추로 만든다고 한다. 이 돈가스를 다 먹는 손님에게는 음식값을 받지 않는다고 선전할 정도로 극강의 매운 음식이다.

　이러한 매운맛 경쟁은 라면 시장에도 반영되고 있다. 매운 라면의 매운 정도를 비교해보면, 신라면이 1,500 SHU로 그나마 덜 매운 편이며, '괄도네넴띤'으로 불리기도 하는 팔도비빔면은 2,652 SHU, 대표적인 매운 라면으로 알려진 불닭볶음면은 4,404 SHU이다. 하지만 최근 한정판으로 출시된 '핵불닭볶음면 미니'의 스코빌 지수는 무려 1만 2,000 SHU에 달해 가장 매운 라면으로 기록되었다.

　매운맛이 강한 작은 고추나 매운 음식을 먹어 입안에 불이 났을 때는 어떻게 해야 할까? 이를 완화하기 위해 일반적으로 물을 마시지만, 물은 매운맛의 주범인 캡사이신을 수용체로부터 녹여낼 수 없어 그리 효과적이지 않다. 하지만 우유처럼 지방이 들어 있는 음료나 알코올을 마시는 것은 효과가 있다. 캡사이신이 이들 음료에는 녹아 희석되기 때문이다. 그 밖에도 설탕, 밥, 사워크림, 꿀, 라임이나 레몬 등도 입안의 불을 끄는 데 도움이 된다.

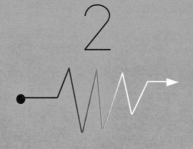

2

짜고 짜릿한 맛의 과학

얼핏 보기에 1 g의 소금은 적은 양이지만
이 적은 양의 소금이 음식 맛에는 결정적인 역할을 하며,
우리가 생존하는 데 필수적인 역할을 한다는 게 참 신기하다.

소금 1 g의 과학,
간고등어

※※※

소금량이 중요한 간고등어

노르웨이 수산물위원회가 2017년 6월에 발표한 자료에 의하면, 세계에서 수산물을 가장 많이 먹는 나라는 우리나라다. 우리나라는 국민 1인당 수산물 섭취량이 연 평균 58.4 kg으로 전 세계 평균인 20.2 kg의 세 배에 육박하며, 노르웨이(53.3 kg)나 일본(50.2 kg)도 크게 앞질렀다. 그리고 우리나라 사람들이 가정에서 먹는 생선 중 가장 선호하는 '국민 생선'은 바로 고등어다.

고등어는 여러 형태로 먹지만 그중 가장 일반적이고 전통적인 방법은 바로 '자반고등어'라고도 부르는 간고등어 형태다. 그리고 간고등어의 대명사는 바로 '안동간고등어'다. 내륙 깊숙이 위치한 안동은 교통이 지금처럼 발달하기 이전까지 신선한 생선을 맛보기 어려운 곳이었다. 가장 가까운 동해안의 강구항에서 안동의 초입에 있었던 채거리장터까지는 꼬박 이틀을 걸어야 하는 거리였다. 상하기 쉬운 생선 중 하나인 고등어를 소금에 절이지 않고서는 운반이 불가능했다. 그래서 포구에서 한 번, 그리고 안동에 도착해서 또 한 번 소금에 절였다고 한다. 하지만 요즈음은 냉장된 고등어를 안동에 가져와서 최종 염장을 한다. 안동에는 지금도 고등어 간을 하는 간잡이 장인들이 있다. 해동된 고등어는 내장을 제거하고 먼저 소금물에 담가 1차 습식 염장을 하고, 2차로 간잡이들이 소금을 뿌려 다시 한번 염장을 한다. 이때 간잡이들이 뿌리는 소금의 양이 간고등어의 맛을 결정하는 데 중요한 요소가 된다. 염장의 장인으로 알려진 이동삼 간잡이가 한 번에 손에 쥐는 소금의 양은 정확히 20 g이라고 한다. 하지만 고등어의 크기와 눈동자의 상태에 따라 뿌려지는 소금의 양이 조금씩 달라진다.

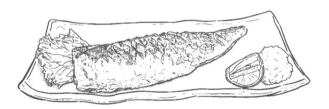

맛의 마술사, 소금

우리 몸은 매일 1 g 이상의 소금을 필요로 한다. 1 g은 질량의 기본 단위인 1 kg의 1,000분의 1로 1 cm×1 cm×1 cm의 정육면체 그릇에 가득 담겨 있는 4 ℃ 물의 질량이며, '작은 무게'라는 뜻의 라틴어 'gramma'에서 왔다. 소금은 단순히 짠맛을 내는 역할만 하는 것이 아니라 맛에 있어서 멀티플레이어의 역할을 한다. 소금은 쓴맛을 없애주고 신맛을 약화시키며 단맛은 강화해줄 뿐만 아니라 음식의 향을 풍부하게 만들어줌으로써 음식의 전반적인 풍미를 끌어올리는 마술사다. 이는 소금 속의 소듐(나트륨) 이온이 쓴맛을 감지하는 수용체에 작용하여 쓴맛에 대한 반응을 방해하기 때문일 것으로 추정된다. 소금이 단맛을 강화하는 것도 비슷한 이유로 보인다. 즉 단맛을 느끼는 수용체에서 소금의 소듐 이온이 단맛을 뇌로 전하는 전기 신호를 강화시켜 단맛을 더 잘 느끼게 한다는 것이다. 자몽은 쓴맛과 단맛을 다 가지고 있다. 쓴맛과 단맛은 서로의 맛을 뇌에서 약하게 느끼도록 하는 작용을 한다. 그런데 자몽에 약간의 소금을 뿌리면, 쓴맛과 같은 부정적인 맛은 약화되고 단맛이나 감칠맛 같은 기분 좋은 맛은 더욱 강해진다. 하지만 짠맛과 단맛의 상호 작용은 맛의 대비 효과 때문이라는 설도 있다.

음식의 향은 특정 맛과 잘 어울리는 경우가 많다. 예를 들어 땅콩버터의 향은 짠맛과, 딸기나 바닐라의 향은 단맛과 잘 어울린다. 소금의 짠맛은 쓴맛을 줄이고 단맛을 강화함으로써 과일 향을 더욱 잘 느끼게 해준다. 또한 멜론이나 자몽 같은 과일에 소금을 뿌리면, 안에 있던 향기 분자가 표면으로 올라와 과일향을 더 잘 느낄 수 있게 해준다.

생선에 소금을 뿌리면 단백질의 부패를 막아 오래 보관하는 데 유리할 뿐만 아니라, 굵고 짧은 생선의 근섬유들이 결합해 생선 살이 잘 부서지지 않게 된다. 과일의 향을 증가시키는 원리와 유사하게 생선의 비린내의 원인이 되는 아민이나 휘발성 지방산 등이 빠져나오게 해 비린내도 줄일 수 있다.

소금의 과학

사람들은 기원전 6000년경부터 소금을 사용하기 시작한 것으로 추정된다. 단맛은 사람들의 욕망과 관련되어 있지만, 소금의 짠맛은 생존과 밀접하게 연결되어 있다. 사람의 몸은 70%가 물이며 그 속에는 0.9%의 소금이 녹아 있다. 이는 1 L의 물속에 소금 9 g이 용해되어 있는 소금물과 같은 농도다. 사람과 동물들의 세포막에서는 소금 속 소듐 이온이 전기적 신호를 만들어 정보를 교환하면서 생명을 유지하게 해준다. 육식 동물들은 사냥한 고기를 먹을 때 피나 내장 등에 있는 소금을 함께 섭취하기 때문에 별도로 소금을 먹지 않아도 되지만, 초식동물들은 따로 소금을 섭취해야만 한다. 먹이인 풀 속에는 소듐 양이 적고 칼륨이 많아서 본능적으로 소금을 섭취하려고 한다. 인류도 수렵시대에서 농경사회로 변화하면서 소금의 섭취가 필요해졌는데, 오래 전에는 소금이 무척 귀한 물건이어서 부와 권력의 상징이었으며 화폐로도 사용되었다. 고대 로마에서는 황제를 호위하던 병사들에게 매일 임금으로 소금 한 줌을 지급했다. 그래서 영어에서 급여를 뜻하는 'salary'는 소금을 뜻하는 라틴어 'sal'에서 파생된 단어다.

짠맛을 내는 소금의 분자식은 NaCl로 소듐(Na)과 염소(Cl)의 화합물이다. 소금 10 g 속에는 소듐이 대략 4 g, 염소가 6 g을 차지한다. 소금이 물에 녹으면, 소듐과 염소는 분리되면서 전기를 띤 이온 형태가 된다. 인간이 짠맛을 느끼는 메커니즘은 2010년에야 그 비밀이 밝혀졌다. 소금의 짠맛은 소금 속의 소듐 이온이 혀의 미뢰에 있는 ENaC라는 수용체를 통과하여 전기적 신호를 만들고 이 신호가 신경을 따라 뇌에 전달되어 짠맛을 느끼는 것이다. 하지만 소듐 이온뿐만 아니라 염소 이온도 소금의 짠맛을 느끼는 데 기여하는 것으로 추정된다. 소금 이외에도 염화칼슘(CaCl)이나 염화칼륨(KCl)도 짠맛과 유사한 맛을 내지만 짠맛의 질이 다르며 우리가 익숙한 맛있는 짠맛은 염화소듐(NaCl)인 소금이 유일하다고 할 수 있다.

소금과 건강

세계암연구재단이 발표한 2010년 통계에 의하면, 우리나라 사람들의 1일 소금 섭취량은 13.2 g이었다. 반면 세계보건기구는 소듐의 1일 권장 섭취량을 2 g으로 제안하고 있는데, 이를 소금의 양으로 환산해보면 5 g이 된다. 즉 우리나라 사람들은 매일 WHO의 권장 섭취량보다 두 배 이상의 소금을 먹고 있는 셈이다. 이 통계에 의하면 세계에서 가장 소금 섭취량이 많은 나라는 카자흐스탄으로 하루 15.2 g을 섭취하고, 카자흐스탄과 인접한 중앙아시아 지역이 전 세계에서 가장 많은 양의 소금을 섭취하는 것으로 조사됐다. 참고로 일본은 12.4 g, 중국은 12.3 g 등으로 아시아 국가들의 소금 섭취량도 대체로 높다.

우리가 즐겨먹는 김치 50 g 속에는 소금이 0.425 g, 된장찌개 200 mL 속에는 소금이 2.9 g 정도가 들어 있다고 한다. 소금 양이 많은 외식 음식으로는 짬뽕(1 kg 중 소금이 10 g), 우동(1 kg 중 소금이 8.5 g), 열무냉면 (800 g 중 소금이 7.9 g) 순이다.

그렇다면 물에 얼마만큼의 소금이 녹아 있을 때 우리는 짠맛을 느낄 수 있을까? 대부분의 젊은 사람들은 10 L의 물에 소금이 1 티스푼(5 g) 정도가 녹아 있는 0.05% 정도부터 짠맛을 감지할 수 있다고 한다. 그러나 60세 이상이 되면 짠맛을 느끼기 시작하는 염도가 높아져서 더 짜져야만 짠맛을 느낄 수 있다고 한다.

짠 음식을 많이 먹으면 핏속의 소듐 이온을 낮추기 위해 우리 몸은 갈증을 느끼도록 신호를 보내 물을 마시게 한다. 이 과정에서 몸이 붓기도 한다. 또 신장에서 과도한 염분을 걸러내지 못하면, 혈액 속 염도를 낮추기 위해 혈류량이 증가시키는데 이 과정이 심장에 무리를 줄 수도 있다. 과도한 염분의 섭취는 고혈압이나 골다공증, 위암의 발생 위험도를 증가시킨다는 견해가 많지만 이에 대한 반론도 존재한다. 더 나가서 세계보건기구가 권장하는 소듐 하루 권장 섭취량도 과학적 근거가 빈약하며 우리나라 사람들의 기준으로 삼기에는 더 많은 연구가 필요하다는 견해도 있다. 반대로 소금 섭취가 너무 적을 경우에도 문제가 발생한다. 더워서, 혹은 운동으로 땀을 많이 흘려서 물을 많이 마시면, 핏속의 소듐 양이 적정치보다 낮아져 전해질 불균형이 나타난다. 그럴 경우 구토나 설사가 나타나기도 한다.

1 g의 소금

보통 주방에서는 무게보다는 부피로 소금의 양을 잰다. 그러면 소금 1 g은 부피로 얼마나 될까? 계량스푼으로 소금 1작은술(혹은 티스푼)은 부피로 5 mL이며 무게는 5.69 g이다. 그러므로 소금 1 g은 작은술로 대략 1/6 정도이고, 세계보건기구의 소듐 1일 권장 섭취량은 5 g이므로 작은술 하나보다 조금 적은 5/6 티스푼 정도다. 그런데 우리나라 사람들이 하루에 섭취하는 소금의 양은 작은술로 2와 1/3 정도인 셈이다.

그렇다면 우리에게 하루 꼭 필요한 소금 1 g의 가격은 얼마나 될까? 이렇게 물어보면 흔하디흔한 소금이 비싸봐야 얼마나 비싸겠느냐고 반문할지도 모른다. 하지만 세계에서 가장 비싼 소금은 가장 싼 정제염 가격의 4,600배에 달한다. 한 인터넷 사이트 (https://www.thedailymeal.com/10-most-expensive-salts)는 세계에서 가장 비싼 소금 톱10을 소개하고 있는데, 그중 우리나라 자색 죽염이 1위에 올라 있다. 사이트에 소개된 이 소금의 가격은 34 g에 38.5달러로 1 g당 대략 1,380원이다. 실제로 미국 아마존에서도 'Amethyst Bamboo 9x Korean Sea Salt'라는 이름으로 우리나라 죽염이 고가에 판매되고 있다. 이에 비해 정제염은 25 kg 한 포대를 8,700원에 살 수 있어, 1 g당 가격은 0.3원에 불과하다. 참고로 무농약 쌀 1 g은 3.3원 정도다.

얼핏 보기에 1 g의 소금은 적은 양이지만 이 적은 양의 소금이 음식 맛에는 결정적인 역할을 하며, 우리가 생존하는 데도 필수적이라는 게 참 신기하다. 없어서는 안 될 뿐만 아니라 오래전에는 이것 때문에 전쟁까지 치렀던 역사가 있는 소금이지만, 이제는 지나쳐서 문제가 되는 시대가 되었다. 그래서 예전에는 간고등어가 한 토막으로 밥을 두 공기나 비울만큼 짰지만 이제는 훨씬 덜 짜다고 한다.

레몬과 짜릿한
전기의 맛

현대 문명의 핵심, 전기의 국제단위계(SI) 기본 단위는 전류의 세기를 나타내는 단위 '암페어(A, Ampere)'이다. 전기와 자기의 역학 관계를 연구하여 근대 전기학의 기초를 세운 프랑스의 물리학자 앙페르(Amperé-Marie Ampére)의 이름에서 유래되었다. 그런데 전기도 맛을 가지고 있을까?

전기를 맛보다

1752년 스위스의 수학자 줄처(Johann Sulzer)는 한 쪽 끝이 접촉되어 있는 두 개의 다른 금속 조각 사이에 우연히 혀를 댄 적이 있다. 그리고 혀를 톡 쏘는 자극을 느꼈다. 그는 그 자극이 녹색을 띠는 황산철(녹반)의 맛처럼 느껴졌다고 한다. 그는 이 짜릿한 맛의 원인을 금속에서 나온 미립자가 진동하면서 혀의 신경을 자극했기 때문이라고 생각했다. 그 후 이탈리아 물리학자인 볼타는 줄처가 느낀 혀의 자극이 전기 작용에 의한 것으로 판단하고 1800년 은과 아연 원판 사이에 소금물을 적신 면을 끼워 여러 층 쌓아서 전기를 발생시키는 최초의 전지를 발명했다.

그는 사람들을 한 줄로 서게 한 뒤 각자 손가락으로 옆 사람의 혀를 잡게 연결한 후 맨 끝 사람들은 각각 전지의 한 끝을 잡게 했다. 그랬더니 혀에 손가락이 닿아 있던 사람들은 동시에 손가락에서 신맛을 느꼈다고 한다. 훗날 볼타의 연구 업적을 기려 전압의 단위 이름을 '볼트(V, volt)'라 붙였다.

전기는 일반적으로 음(-) 전기를 띤 전자의 흐름이지만, 양(+)이나 음(-) 전기를 띠고 있는 이온이라는 작은 입자들의 흐름으로도 만들어진다. 사람이 느끼는 기본적인 맛 중에서 가장 자극적인 맛인 신맛은 바로 이런 전기적인 흐름을 통해 감지된다. 아주 신 레몬즙이나 식초를 먹으면 우리는 그 강렬한 맛으로 인해 마치 약한 전기에 감전된 것처럼 인상을 찌푸리게 된다.

사람의 다섯 가지 기본 맛 중에서 신맛은 최근까지도 맛을 느끼는 수용체가 정확히 밝혀지지 않을 만큼 신비로운 맛으로 남아 있다. 신맛은 음식 속에 있는 산 성분이 분해되면서 만들어진 수소 양이온(양성자, 프로톤, H+)이 이 이온을 통과시켜주는 프로톤 채널을 통해 신맛을 느끼는 맛 세포 속으로 들어가 전기적 신호를 만들고, 이 신호가 뇌에 전해져서 감지된다. 일단 신맛이 뇌에 감지되면 뇌는 인상을 찌푸리게 하면서 이 음식을 뱉을 것인지 삼킬 것인지를 판단하고 입으로 결정된 방침을 전달한다. 원래 신맛은 음식이 부패했을 때나 발효되었을 때 나타나는 맛이기 때문에 몸에 해로운 것이 일반적이지만, 경우에 따라서는 이로운 경우도 있다. 이때 뇌는 과거의 경험을 바탕으로 빠른 판단을 내린다. 만일 이로운 것으로 판단되면 즐거운 느낌과 함께 침이 분비된다.

신맛의 정도는 산성도를 나타내는 수소 이온 농도 pH로 나타낸다. 산성도의 척도인 pH는 14등급으로 나뉘는데, 중성(pH=7)인 물을 중심으로 7보다 숫자가 작으면 산성, 크면 알칼리성이 된다. 7에서 멀어질수록 산성도나 알칼리성이 더 커진다는 의미다. 즉 블랙커피는 5, 레몬주스는 2이며 위산과 같은 강산은 1이다.

신맛의 생리학

1960년대 미국 위스콘신대학의 농구선수였던 커트 밀러(Curt Mueller)는 힘든 경기를 할 때마다 입이 바짝 말라 고생했다. 하지만 물을 마시면 배가 출렁거려 뛸 수가 없었다. 급한 대로 입에 스프레이를 뿌리기도 했지만 만족스럽지 않았다. 시간이 흘러 70대가 된 밀러는 격렬한 운동을 하는 선수들을 위한 스포츠 껌을 만들었다. 이 껌은 입안에 침을 많이 분비하도록 작용하는데, 다름 아닌 신맛을 내는 껌이다. 씹으면 신맛이 계속 나오기 때문에 계속 침이 분비되어 입안이 마르는 것을 막아주었다. 신맛이 다른 맛에 비해 침 분비를 가장 촉진하기 때문이다. 이 껌을 생각만 해도 벌써 입안에 침이 고이는 것 같다.

이제 막 6살이 된 외손녀가 얼마 전부터 신맛이 나는 젤리나 캔디 등 신 음식들을 좋아하기 시작했다. 그동안 파인애플을 안 먹던 아이가 어느 날 유난히 시고 맛없는 파인애플을 먹어보더니 맛있다고 잘 먹어 나를 어리둥절하게 만들었다. 그런데 이렇게 신맛을 좋아하는 현상이 이 아이에게 한정된 것이 아니라 5살에서 9살 사이의 아이들에게서 흔히 나타나는 현상이라고 한다. 1877년 찰스 다윈도 자신의 자녀들이 갑자기 신 음식을 좋아하는 현상을 발견하고 이를 신기한듯 적어놓기도 했다.

어른들은 혐오감을 느낄 정도로 강한 신맛을 이 또래의 아이들이 즐기는 이유는 몇 가지의 가설이 있다. 여러 가설 중에는 아이들이 어른들처럼 신맛을 강하게 느끼지 않기 때문이라는 설과 이 또래 아이들의 모험심이 커져 특별한 신맛에 도전한다는 설, 그리고 경험과는 별개로 맛의 인식에 대한 발생학적인 변화 과정일 것이라는 설 등이 있다. 하지만 과학적으로 명확히 밝혀지지는 않았다.

　임산부들이 임신 초기에 특정
음식을 먹고 싶어 하는 경우가 많
다. 그중 하나가 바로 신 음식이다. 우
리나라에서는 신김치나 귤, 살구 등을, 서양
에서는 피클이나 레몬 등을 찾는다고 한다.
신 음식을 찾는 이유는 임신 초기에 나타나는 생리
학적인 변화 때문이다. 즉 임신 초기에는 위산 분비
가 현저히 줄어들어 소화 효소의 작용이 둔화되면서
구토와 식욕 감퇴가 나타난다. 그런데 신 음식은 위산 분비를 촉
진하고 소화 효소의 기능을 향상시켜 입덧을 완화시키고 음식 섭
취를 도와준다. 임신 2~3개월이 되면 태아의 골격이 형성되기
시작하는데, 이때 신 음식은 산 성분을 제공하여 칼슘이 태아의
골격을 잘 형성할 수 있게 도와준다. 또 신 음식은 임산부에게 부
족한 철분 흡수를 돕는다. 위 속에 있는 산은 3가철(Ferric, Fe 3+)
을 흡수가 가능한 2가철(Ferrous, Fe 2+) 형태로 만들어주는 역할
을 한다. 신맛이 나는 과일은 이 외에도 풍부한 비타민C 등을 공
급하여 임산부의 면역력 증강에도 도움이 된다.

신맛에 대한 새로운 발견

레모네이드나 살구 등 신맛이 나는 음식을 먹으면 우리 뇌에서는 세로토닌이라는 물질이 분비된다고 알려져 있다. 이 물질은 식욕을 증진시키고, 잠이 오게 하며, 기억력을 향상 시키는 등 행복을 느끼는 데 기여하는 것으로 알려져 있다. 그런데 세로토닌은 뇌에만 있는 물질이 아니며 혀의 맛세포에도 있으며, 더욱이 신맛을 느끼는 데 있어 대단히 중요한 역할을 한다. 미뢰에서 맛 정보를 받아들이면 이 신호는 신경을 통해 뇌로 전달되는데, 미뢰에 있는 맛세포의 끝 부분과 뇌로 연결되는 신경 세포의 끝 사이에서 신호 전달을 담당하는 화학물질이 필요해진다. 신맛을 느끼는 맛세포에서 이러한 메신저 역할을 담당하는 물질이 바로 세로토닌이라는 사실이 실험을 통해 밝혀졌다.

보통 순수한 물은 특별한 맛이 없다고 생각한다. 그렇다면 우리는 어떻게 물을 마시면서 물이라고 느낄 수 있을까? 2017년 미국 캘리포니아 공과대학 연구팀은 우리 혀에서 신맛을 느끼는 맛세포가 바로 물을 감지한다는 사실을 밝혀냈다. 우리 입안은 침과 효소, 그 밖의 분자들로 채워져 있는데, 그중에는 중탄산염(bicarbonate) 이온도 있다. 이 이온은 침과 입안을 약한 알칼리성으로 만들어준다. 입안은 혈액과 같이 대략 pH 7.4 정도의 약알칼리성을 유지하고 있는데, 물이 입안에 들어오면 약알칼리성의 침을 씻어낸다. 그러면 입안의 효소는 탄산가스와 물을 결합시켜 중탄산염을 만들어 입안의 산성도를 원래의 상태로 회복시키려 한다. 이 과정에서 수소 양이온인 프로톤도 만들어진다. 이렇게 만들어진 수소 양이온은 신맛을 감지하는 맛세포에 의해 감지되어 뇌로 신호를 보내게 되고 뇌는 이를 통해 물을 인지하게 된다는 것이다.

2018년 초 서던캘리포니아대학 연구팀은 신맛과 관련된 뜻밖의 발견에 대한 연구 결과를 〈사이언스〉에 발표했다. 연구팀은 혀의 미뢰에서 수소 이온을 통과시켜 신맛을 감지하는 단백질을 찾아냈다. 그런데 'Otop1'이라고 불리는 이 물질은 귀의 내이에 있는 전정계, 즉 몸의 평형을 유지하게 하는 조직 속에 있는 단백질과 같은 물질이었다. 연구팀도 왜 귀에서 평형을 유지하는 기관에 있는 단백질이 혀에서 신맛을 감지하는 역할도 하는지 놀라지 않을 수 없었다.

연구팀은 이러한 일이 오랜 기간 동안의 진화의 결과가 아닐까 하고 조심스럽게 추측하고 있다. 우리 몸의 평형감각은 내이에 위치한 전정기관 속 림프액과 탄산칼슘인 이석(돌)이 움직여 상하, 전후의 움직임을 감지한다. 몸이 직선운동을 하거나 몸을 기울이면 이석이 중력의 방향으로 움직이고, 림프액도 함께 따라 움직이면서 상하, 전후의 움직임을 인지하게 된다. 그런데 탄산칼슘 결정은 산과 만나면 녹게 된다. 그래서 아마도 내이에 있는 단백질 Otop1은 산이 침투하여 이석을 녹이는 것을 감지하기 위한 역할을 하는 것으로 추측하고 있다. 아직 이 단백질의 정확한 역할은 알 수 없지만, 혀에서 신맛을 느끼게 하는 단백질이 귀에서도 중요한 역할을 한다는 사실이 오묘하면서도 흥미롭다.

레모네이드의 과학

지금까지는 신맛에 대해 흥미롭지만 다소 어려울 수도 있는 이야기들이었다. 이제 신맛의 대표적인 음료인 상큼한 레모네이드를 만들어보기로 한다. 레시피는 간단하다. 설탕 1컵, 물 1컵(시럽 만들기용), 레몬즙 1컵, 그리고 물 2~3컵.

먼저 물과 설탕을 작은 냄비에 넣고 불 위에 올린다. 설탕이 완전히 녹도록 저어서 시럽을 만든 후 불에서 내린다. 다음엔 레몬을 짜서 레몬즙을 만든다. 보통 크기의 레몬이라면 4개에서 6개 정도면 한 컵이 된다. 마지막으로 레몬즙과 시럽을 유리 주전자(피처)에 붓고 냉수 2~3컵을 부어 저어준다. 마지막으로 맛을 보고 입맛에 맞게 물과 레몬 주스의 양을 조절하면 된다.

그렇게 만들어진 레모네이드 피처 속에서는 무슨 일이 일어나고 있을까? 물은 두 개의 수소 원자(약하게 양 전하를 띠고 있음)와 한 개의 산소 원자(약하게 음 전하를 띠고 있음)로 이루어져 있다. 설탕은 탄소와 함께 수소와 산소 원자들을 가지고 있다. 그래서 설탕을 물에 넣으면 두 물질은 잘 섞인다. 레몬즙 속에 있는 구연산(시트르산)도 탄소와 함께 수소, 산소로 이루어져 있다. 이것 역시 양 전하를 띠고 있어 물에 녹아 있는 음 전하와 서로 끌어당기므로 잘 섞인다. 물속에 들어간 설탕은 포도당과 과당으로 분해되는데, 구연산이 이 반응을 더 활발하게 만들어준다. 이렇게 만들어진 과당은 원래 설탕보다 더 단맛을 내기 때문에 레모네이드가 달콤하면서도 새콤한 맛을 내는 것이다. 레모네이드 속에서도 분자들이 서로를 당기며 섞인다. 그러면서 미세한 전기를 띤 전하들이 움직여 상큼한 신맛을 느낄 수 있게 해주는 것이다.

전기의 기본 요소는 아주 작고 가벼우며 대단히 작은 전기량을 지닌 음의 전자다. 신맛을 느끼게 하는 기본 요소는 수소 양 이온으로 전자와 전하량은 같지만 양의 전하를 가지고 있다. 기본 맛 가운데 가장 강렬한 신맛은 정말 짜릿한 전기의 맛과 통하는지도 모른다.

40mL 속에 담긴
맛과 과학

커피전문점에서 메뉴판을 훑어보면 에스프레소, 아메리카노, 카페라떼, 카푸치노처럼 우리에게 익숙하지 않은 말들이 가득한데, 이것들은 모두 이탈리아어다. 도대체 왜 카페의 커피 메뉴는 모두 이탈리아어로 되어 있는 것일까? 그것은 태권도의 용어가 모두 우리말로 되어 있는 것과 같은 원리다. 태권도 종주국이 우리나라이듯, 에스프레소의 종주국은 이탈리아이기 때문이다.

이탈리아어어로 에스프레소(espresso)는 흔히 '빠르게'라는 영어 'express'로 번역하기도 하지만, 원래의 뜻을 영어로 번역하면 'pressed out', 즉 '압력을 가해 추출하다'라는 뜻을 가지고 있다. '까페 에스프레소(caffè espresso)'는 일반적으로 알려진 '빠르게 뽑은 커피'가 아니라 '압력을 가해 추출한 커피'라는 의미다.

즉 에스프레소 커피는 원두를 곱게 간 뒤 고압과 고온으로 빠르게 추출해 내는 커피를 말하며, 대기압에서 천천히 물과 반응하여 추출되는 브루잉(brewing), 혹은 드립(drip) 방식의 추출법과 차별화된 추출 방식이다. 종이 필터를 사용하지 않고 고압에서 추출하기 때문에 커피 속 지방과 커피의 함유물이 더 많고 크레마(crema)라고 부르는 크림 형태의 황금색 층이 형성되는 것이 특징이다.

에스프레소 머신

에스프레소는 1880년대에 이탈리아에서 수증기를 이용한 빠른 커피 추출 기계가 만들어지면서 시작되었다. 최초로 에스프레소 기계의 특허를 획득한 사람은 안젤로 모리온도(Angelo Moriondo)였다. 그가 1884년에 특허를 받았는데, 당시에는 지금처럼 한 잔 한 잔 커피를 뽑는 방식이 아니고 많은 양을 한 번에 뽑는 방식이었다. 그 후 100년 이상의 진화 과정을 거쳐 2000년대부터 우리가 커피 전문점에서 흔히 볼 수 있는 에스프레소 기계가 완성되었다.

이탈리아에서는 좋은 에스프레소 커피를 만들기 위해 네 가지의 'M'이 중요하다고 말한다. 즉 '미셸라(Miscela)', '마치나 치오네(Macinazione)', '마키나(Macchina)', '마노(Mano)'. 이를 의역하면, 커피 원두의 혼합과 분쇄, 기계, 사람이라고 할 수 있다.

에스프레소를 일반 커피와 다르게 만드는 가장 중요한 요소는 바로 추출 기계에 있다. 기계마다 조금씩 다르겠지만, 핵심 부분은 동일하다. 즉 물을 끓여 스팀을 만드는 스팀 제너레이터, 이 스팀을 모아 압력을 높여주는 헤드, 그리고 곱게 간 원두가 담긴 바스켓이 앉혀지는 포터필터 등이다.

뜨거운 물과 스팀은 압력 체임버로 보내져 물이 끓는 온도인 100 ℃보다 낮은 온도에서 8~10 기압으로 가압된다. 이렇게 높은 압력의 물이 커피를 통과하면서 에스프레소가 추출된다. 보통 9 기압의 압력을 사용하는데, 이 압력은 80 m 깊이의 물속에서 느껴지는 압력이다. 이것이 어느 정도의 압력인지를 다른 비유로 설명하자면, 압력은 힘을 면적으로 나눈 값이다. 즉 9기압은 몸무게가 60 kg인 사람 1,550 명이 1 m²의 판 위에 올라가 있을 때의 압력과 같다. 드립 방식의 추출에서는 대기압인 1 기압이 사용되는 것과 비교해보면 대단히 높은 압력이라는 걸 알 수 있다.

완벽한 에스프레소

맛있는 에스프레소는 약 40 mL 정도의 뜨거운 고압의 물을 대략 14~16 g의 분쇄된 커피에 28~30 초 동안 통과시켜 색이 갈색에서 금빛으로 변하려는 순간에 추출을 멈춘 커피다. 왜 이 순간에 추출을 멈추는 것이 좋을까?

커피 추출에 있어 중요한 변수는 추출률과 강도다. 가장 맛있는 커피는 추출률이 18~22%일 때라고 알려져 있으며 이 추출률은 일반 커피나 에스프레소나 동일하다. 만일 18%보다 추출률이 낮을 경우 신맛이 강해져 충분한 커피 맛을 느낄 수 없게 된다. 왜냐하면 커피의 신맛은 추출의 전반부에 빠르게 나오고 단맛과 쓴맛은 후반부에 나오기 때문이다. 또한 22%보다 추출률이 높아지면 쓴맛이 강하게 느껴진다. 커피의 쓴맛은 늦게까지 지속적으로 추출되기 때문이다. 적절한 추출이 이루어지면 에스프레소 커피의 색깔이 갈색에서 금빛으로 변하기 때문에 이 시점에 추출을 멈추는 것이 좋다.

에스프레소의 경우 빠르게 추출하기 때문에 원두를 곱게 분쇄해서 사용한다. 분쇄된 커피의 크기는 추출을 할 때 대단히 중요한 요소다. 이는 입자 크기에 따라 물과의 반응 면적이 차이 나고 이에 따라 추출률이 달라지며 물이 통과하는 속도도 영향을 받기 때문이다. 앞서 잠시 언급한 바와 같이 커피 속에 있는 다양한 성분들은 물에 녹아 나오는 속도가 각기 다르다. 가장 빠르게 추출되는 성분은 산 성분과 과일향 같은 것이다. 다음으로 로스팅 과정에서 마이야르 반응으로 생성된 구수한 향(캐러멜향, 바닐라향, 초콜릿향 등)이 나오며, 후반부에는 무거운 분자들(나무향, 탄맛, 담배향 등)이 추출된다.

커피 원두를 곱게 갈아 표면적이 넓어지면, 물과 쉽게 반응하여 커피 고유의 맛을 쉽게 추출할 수 있게 된다. 하지만 입자의 크기가 다르다 해도 커피의 성분을 바뀌는 것은 아니다. 다만 커피 성분들의 추출되는 시기를 조절하면 커피의 맛이 달라질 수 있다.

에스프레소만의 고유한 특징은 크레마다. 원두의 지방 성분이 압력에 의해 추출되면서 작은 입자의 콜로이드 형태로 물 위에 떠 있는 상태를 '크레마'라고 하는데, 종이 필터를 사용하는 커피에서는 찾아볼 수 없다. 두께가 수 mm 정도이며 압력을 가해 추출할 때만 지방 성분과 탄산가스가 결합해 만들어진다. 색깔은 금갈색에서 짙은 갈색이며 3~5 분 정도 형태를 유지한다.

에스프레소의 종류

에스프레소도 추출 시간과 추출량에 따라 다른 이름으로 불린다. 우리가 일반적으로 알고 있는 에스프레소보다 짧은, 약 20 초 이하로 약 20 mL 정도 추출한 것을 '리스트레토(Ristretto)'라고 부른다. 리스트레토는 '농축하다', 혹은 '짧다'라는 뜻의 이탈리아 어다. 빠르게 추출하여 신맛이 조금 강하고 쓴맛은 적은 편이다. 쓴맛이 적기 때문에 부드러운 커피로 알려져 있다. 부드러운 아메리카노를 원할 때 보통은 일반 에스프레소에 물을 더 넣거나 샷을 줄여서 조절하지만, 일부 카페에서는 리스트레토를 이용해 아메리카노를 만드는 '리스트레토 아메리카노'를 선보이기도 한다.

　반대로 에스프레소 추출 시간을 30초 이상으로 길게 늘이고 추출량도 40 mL 이상으로 하면 '룽고(Lungo)'라고 부른다. 룽고는 이탈리아어로 '길다'는 뜻이다. 룽고는 일반 에스프레소보다 연하지만, 더 쓴맛을 지닌다. 리스트레토는 추출량이 적기 때문에 그 안에 녹아 있는 고용성분 농도는 12~18%로 가장 높고, 룽고는 물의 양이 많아 고용성분 농도가 5~8% 정도로 낮다. 일반 에스프레소는 8~12% 사이이다.

　여기서 질문을 하나 해보자. 에스프레소 한 잔과 일반 드립 커피 한 잔(240 mL)을 비교할 때, 어느 쪽 카페인 양이 더 많을까? 에스프레소라는 답이 많을지도 모르겠다. 하지만 답은 그 반대다. 드립 커피가 더 많은 카페인을 함유하고 있다. 그런데 어떻게 비교하느냐에 따라 조금 다른 이야기를 할 수도 있다. 240 mL의 드립 커피 한 잔에는 대략 65~120 mg의 카페인이 들어 있다. 이렇게 범위가 넓은 이유는 커피 타입, 로스팅 정도, 원두의 분쇄 상태, 드립 방법, 물의 온도 등에 따라 편차가 크기 때문이다. 평균 값을 취했을 때 일반적으로 드립 커피에는 92.5 mg의 카페인이 들어 있다. 하지만 에스프레소 한 잔에는 카페인이 40 mg 정도 들어 있어 드립 커피의 절반에도 못 미친다.

　그러나 커피 1 mL당 녹아 있는 카페인을 비교하면 결과는 반대가 된다. 즉 일반 드립 커피에는 0.385 mg/mL의 카페인이 들어 있는 반면, 에스프레소에는 1.333 mg/mL의 카페인이 들어 있어 에스프레소가 일반 드립 커피보다 2배 이상의 카페인을 가지고 있다고 할 수 있다.

일반적으로 에스프레소에 카페인이 많다고 생각하는 이유는 에스프레소의 진하고 쓴맛 때문이다. 하지만 에스프레소의 쓴맛은 카페인 때문이 아니라 원두를 볶는 과정에서 마이에르 반응으로 쓴맛 성분이 강해졌기 때문이다.

유럽 사람들은 에스프레소를 하루에도 여러 잔 마시기 때문에, 섭취하는 카페인 양이 많을 수도 있다. 하지만 만일 아메리카노에 에스프레소를 두 잔 넣어 마신다면 일반 드립 커피 한 잔보다는 약간 적은 양의 카페인을 섭취한다고 볼 수 있다.

40 mL에 불과한 에스프레소지만 늘 조금씩 다른 향과 맛으로 이야기를 걸어오는 것 같다.

요리의 기본,
물 끓이기

라면을 끓이거나 달걀을 삶는 등의 간단한 요리부터 밥을 짓고 국을 끓이고, 나물을 무치고 커피나 차를 마시기까지 물 끓이기는 필수다. 맛을 내는 모든 요리의 기본은 바로 '물 끓이기'라고 할 수 있다. 그렇다면 물은 왜 끓고, 왜 끓을 때 소리가 날까? 또 언제나 같은 온도에서 끓을까? 끓는 물 속에 담긴 과학을 알아보기로 한다.

물 끓이기의 과학

물은 수소 원자 두 개와 산소 원자 한 개가 결합된 분자(H_2O)로 이루어져 있다. 물은 대기압에서 온도에 따라 세 가지의 안정된 물질의 모습을 띠고 있다. 즉 0 ℃ 이하에서는 고체 상태인 얼음으로, 0 ℃와 100 ℃ 사이에서는 액체 상태의 물로, 그리고 100 ℃ 이상에서는 기체 상태인 수증기로 존재한다. 왜 꼭 0 ℃와 100 ℃ 에서 상태가 변하는가 하고 궁금하지 않은가? 그것은 섭씨온도 눈금을 정할 때, 물이 어는 온도를 0 ℃, 그리고 끓는 온도를 100 ℃로 정했기 때문이다.

물 분자는 열에너지를 받으면 분자 운동이 활발해져 온도가 올라간다. 충분한 열에너지를 갖게 되면 물 분자끼리의 결합을 끊고 물 표면으로부터 밖으로 튀어나가는데, 이러한 현상을 '증발'이라고 부르며 물 1 g을 대기압하에서 증발시키기 위해서는 540 cal의 열에너지가 필요하다. 물의 평균 온도는 100 ℃가 되지 않더라도 물 표면에서는 운동이 활발한 분자들이 있을 수 있고 이들 분자가 공기 중으로 달아나면 그것이 곧 증발이다. 물의 온도가 올라가면 증발되는 수증기의 양이 증가하여 물 표면에 있는 증기의 압력(증기압)도 올라가는데, 물의 온도가 100 ℃가 되면 물의 증기압과 물을 누르고 있는 대기압이 똑같아진다. 그리고 더 온도가 높아지면 대부분의 물 분자들이 대기압을 이겨내고 물로부터 탈출할 수 있는 에너지를 갖게 된다. 이때부터 '물이 끓는다'고 한다. 즉 물이 끓는다는 것은 물 표면뿐만 아니라 내부에서도 급격한 증발이 일어나는 것이라고 할 수 있다. 일단 물이 끓는 온도에 도달하면 외부에서 공급되는 열에너지는 물 분자가 수증기로 바뀌는 에너지로 전환되기 때문에 더 이상 물의 온도는 올라가지 않고 100 ℃에 머문다.

만일 외부의 압력이 1 기압보다 높아지면 100 ℃가 되어도 물 분자들이 외부의 압력을 이기고 탈출하지 못한다. 다시 말해 더 많은 열에너지를 공급해야 탈출할 수 있게 되기 때문에 끓는 온도가 높아진다. 반대로 외부 압력이 낮으면 100 ℃가 안 되어도 물 분자들이 탈출할 수 있으므로 끓는 온도는 내려가게 된다. 높은 산에 올라가 밥을 하면 대기압이 낮기 때문에 낮은 온도에서도 물이 끓는다. 그래서 밥이 설익는다. 한라산 정상에서는 대기압이 대략 0.8 기압이므로 93 ℃ 정도에서 물이 끓는다. 에베레스트 정상에서는 대기압이 0.3 기압으로 낮아져 70 ℃ 정도에서도 물이 끓는다. 반대로 압력밥솥으로 밥을 하면 100 ℃보다 높은 온도에서 물이 끓기 때문에 짧은 시간에도 쌀이나 잡곡이 잘 익는다. 가마솥처럼 무거운 뚜껑으로 솥을 눌러 놓아도 수증기가 빠져나가지 못해 압력밥솥 같은 역할을 할 수 있다. 실제로 압력밥솥은 1.5 기압에서 2 기압 정도의 압력을 유지하므로 물 끓는 온도는 112~120 ℃다.

물의 끓는 온도에 영향을 주는 또 다른 요소는 소금과 같이 물에 녹는 물질을 첨가하는 것이다. 소금이 물에 녹으면 Na(나트륨)과 Cl(염소) 이온으로 나뉘는데, 이러한 물질들과 함께 가열하면 물의 표면 농도가 순수한 물에 비해 약간 낮아져 순수한 물에 비해 증발이 적어지며 증기압도 낮아진다. 그러므로 소금물은

100 ℃가 되어도 용액의 증기압이 1 기압에 도달하지 못해 용액의 온도가 더 높아져야만 끓는다.

용기와 물 끓이기, 그리고 물리 반응

일반적으로 물질의 상태가 바뀔 때는 새로운 상태의 씨앗이 되는 핵이 먼저 만들어지고 그 핵이 성장하면서 변화가 일어난다. 냄비에 찬물을 부어 가스불 위에 올려놓고 조금 있으면 냄비 바닥과 벽에 작은 방울들이 생겨나는 것을 볼 수 있다. 방울의 일부는 물속에 녹아 있던 공기지만, 물의 평균 온도가 대략 60 ℃ 부근에서 나타나는 작은 방울들은 작은 수증기 분자들이 모여 만들어진 수증기의 핵이다. 그릇 표면의 미세한 흠이나 거친 면에서 먼저 핵이 만들어지는데 아직 표면으로 올라올 정도의 크기로는 자라지 못한 것들이다. 이 단계를 '핵끓음(nucleate boiling)'이라고 부른다. 그렇기 때문에 아주 매끈한 표면을 가진 그릇을 사용할 경우에는 이런 핵끓음 단계가 잘 나타나지 않아 끓는 시간이 조금 더 길어질 수도 있다. 물의 평균 온도가 75 ℃에서 90 ℃ 사이에 이르면 냄비의 바닥이나 벽에서 작은 방울들이 표면으로 올라오기 시작한다. 때로는 작은 방울들이 같은 곳에서 조용히 줄을 지어 올라오는 것을 볼 수 있는 단계다. 90 ℃에서 100 ℃ 사이가 되면 큰 수증기 방울들이 여기저기에서 올라와 표면에서 부서진다. 그리고 물 전체가 100 ℃에 도달하면 냄비의 모든 바닥과 벽에서 방울들이 끓어오른다. 이런 단계를 조금 어려운 용어로 '전이끓음(transition boiling) 단계'라고 부르기도 한다.

그런데 아주 뜨겁게 달궈진 냄비나 프라이팬 위에 물을 떨어 뜨리면 바로 끓어오르지 않고 물방울이 마치 공중에 떠다니는 것처럼 움직이는 현상을 볼 수 있다. 이런 현상을 '라이덴프로스트 효과(Leidenfrost effect)'라고 하는데, 조건에 따라 조금씩 다르긴 하지만 가열된 그릇의 바닥 온도와 물의 끓는 온도차가 약 200℃, 즉 냄비나 프라이팬의 바닥의 온도가 300℃ 부근일 때 나타나는 현상이다. 이렇게 달궈진 그릇에 물을 떨어뜨리면 바로 냄비와 물 사이에 수증기막이 생성되어 물방울이 뜨게 만든다. 닿자마자 증발하면서 생긴 수증기막이 물방울로의 열전달을 막아주기 때문에 발생하는 현상이다. 차가운 액체질소 속에 손을 빠르게 담갔다 빼도 동상을 입지 않는 것 역시 체온이 액체질소의 비등점인 영하 196 ℃에 비해 월등히 높아서 손 주위에 질소가스의 막이 형성되는 라이덴프로스트 효과가 나타나기 때문이다. 즉 차가운 액체질소의 입장에서는 손이 뜨겁게 달궈진 후라이팬의 바닥처럼 느껴지는 것이다.

물을 끓일 때 여러 가지 시끄러운 소리가 난다. 물을 가열하기 시작하여 핵끓음 단계에 도달하면 수증기의 핵들이 만들어지는데 초기 단계에서는 작은 방울이 매초 30번에서 60번 정도로 만들어졌다 부서진다. 이때 작은 기포들이 터지면서 소리를 낸다. 또 이보다 온도가 높아져 물방울의 크기가 커지면 수증기를 담은 기포는 가볍기 때문에 표면으로 올라간다. 그러나 아직 윗부분의 물은 100 ℃ 이하이기 때문에 수증기 방울은 온도가 낮아져 다시 액체 상태의 물로 응축된다. 기포가 쭈그러들면서 부피가 줄어들면 그 공간을 주변의 물이 채우는데, 이 과정에서 수증기 방울이 터지는 소리가 난다. 여러 군데에서 이러한 현상이 발생하면 냄비나 주전자를 떨리게 만들고 그릇이 가지고 있는 고유한 진동 주파수와 공명으로 시끄러운 소음이 발생한다. 그렇기 때문에 물을 끓일 때, 그릇에 따라 시끄럽기도 하고 조용하기도 한 것이다. 그러나 물 전체가 100 ℃가 되어 본격적으로 끓기 시작하면 표면에서 물방울이 터지는, '보글보글'하는 소리 이외의 다른 소리들은 모두 사라진다.

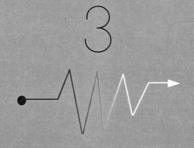

3

맛의 연금술, 불과 온도

과학의 관점에서 보면, 요리의 기본은 열을 전달하는 행위다.
식재료에 열을 가하여 재료의 미세한 구조를 바꾸고, 내부의 성분들 간에
화학적 반응을 일으켜 풍미와 식감을 만들어내는 일이다.

열과 온도가 만드는
맛의 마술

꿍불 위에서 구워지는 고기나 오븐 속에서 노릇노릇하게 구워지는 빵이 풍기는 냄새는 침샘을 자극해 먹기도 전에 우리를 행복하게 만든다. 이처럼 열은 우리에게 맛있는 요리를 만들어주는 마술사와 같다. 열은 에너지인데, 열을 가하게 되면 물체를 이루는 원자나 분자의 운동이 활발해지면서 열의 양에 따라 운동량이 많아진다. 온도는 한 시스템 속에 있는 분자들의 평균 열에너지를 나타내는 지표로 뜨겁고 찬 정도를 나타낸다. 온도의 국제단위계 기본 단위는 켈빈(K)이며, 우리가 일상생활에서 자주 쓰는 섭씨온도에 273.15를 더한 값과 같다. 즉 물이 어는 온도인 0 ℃는 273.15 K이며 끓는 온도인 100 ℃는 373.15 K가 된다.

요리란 무엇인가

이 질문은 '사람들은 왜 요리를 하는가'와도 크게 다르지 않다. 요리는 식재료를 준비하고 합쳐서 안전하고 소화가 잘되는 먹거리를 만드는 과정이라고 할 수 있다. 이 과정에서 대부분 열이라는 요술 지팡이가 사용된다. 하지만 요즈음은 단순히 안전하게 먹을 수 있는 무엇인가를 만드는 과정이 아니라 보다 맛있게 먹을 수 있는 먹거리를 만드는 과정이라 할 수 있다.

과학의 관점에서 보면, 요리의 기본은 열을 전달하는 행위다. 식재료에 열을 가하여 재료의 미세한 구조를 바꾸고, 내부의 성분들 간에 화학적 반응을 일으켜 풍미와 식감을 만들어내는 일이다. 열을 가하는 방법은 다양하다. 직접 불이나 오븐에서 굽기도 하고, 프라이팬 위에서 볶기도 하며, 기름에 넣어 튀기기도 한다. 또 물로 삶거나 스팀으로 찌기도 하지만, 전자레인지 등을 이용해 익히기도 한다. 이렇게 다양한 방법으로 열을 가하는 이유는 방법에 따라 동일한 식재료도 다른 맛과 형태로 변하기 때문이다.

그렇다면 이렇게 가열을 하면 식재료 안에서는 무슨 일이 벌어질까? 우리가 먹는 음식은 몇 가지의 기본 물질의 조합으로 이루어져 있다. 단백질과 탄수화물(전분과 당류), 지방, 물 그리고 소량의 비타민과 미네랄이 각기 다른 비율로 섞여 있다. 그런데 열을 가하면 이러한 기본 물질들이 특정한 온도에서 화학적 및 물리적 변화를 일으켜 풍미와 색, 질감 등이 우리가 원하는 방향으로 변화하면서 맛있는 요리로 탄생하는 것이다.

열을 가하는 요리에서 색과 풍미를 결정하는 가장 중요한 역할을 하는 것은 캐러멜화와 마이야르 반응이다. 열을 가하면 음식 속 당류가 녹으면서 끓기 시작한다. 이 온도는 당의 종류에 따라 110 ℃에서 180 ℃ 사이인데, 이 온도가 되면 당은 간단한 구조의 포도당(글루코스)과 과당(프럭토스)으로 분해된 후 복잡한 화학반응을 거쳐 달콤하고 구수한 향을 내는 물질로 변한다. 또 캐러멜이라는 물질이 만들어져 갈색으로 변한다. 또 이 반응을 캐러멜화라고 한다. 한편 단백질과 당류가 있는 식재료를 가열하면 아미노산과 포도당, 과당 및 유당(락토스) 등이 반응하여 캐러멜화 반응처럼 구수한 향 물질이 만들어지고 먹음직한 갈색으로 변화하는 마이야르 반응이 일어난다. 이 반응은 여러 실험을 통해 176 ℃ 정도에서 활발히 일어난다고 알려져 있다. 보통 빵을 구울 때 오븐의 기본 예열을 180 ℃로 하는 것도 이 때문이다. 이보다 낮은 온도에서는 반응이 일어나지 않고 표면이 마르게 된다. 이 온도는 물이 끓는 온도보다 훨씬 높기 때문에 설탕과 단백질이 있는 식재료라고 해도 물로 끓이는 방법으로 요리를 하면 갈색으로 변하지 않는다.

음식의 맛에 영향을 미치는 중요한 요소인 질감의 형성은 주

로 단백질 구조의 변화와 전분의 젤라틴화 반응 때문이다. 단백
질은 덩어리가 큰 분자인데 열을 가하면 분자가 심하게 진동하면
서 60~70 ℃가 되면 구조가 변한다. 이때 음식의 질감을 형성한
다. 액체 상태의 분자는 고체 상태로 바뀌며 부드러운 질감을 갖
는다. 잘 알다시피 삶거나 프라이를 하면 액체 상태의 달걀 흰자
가 부드러우면서도 탄력 있는 고체 상태로 변한다. 또한 고기 등
에 들어 있는 질긴 콜라겐 등은 젤라틴 형태로 변하여 고기를 연
하고 부드럽게 만들어준다.

　한편 전분도 가열 과정을 거치면서 맛있는 느낌을 주는 질감이
생긴다. 예를 들어 쌀에 물을 붓고 열을 가하면 쌀의 전분 속으로
물과 열이 침투하여 분자 구조가 파괴된다. 이 과정에서 아밀레
이스가 녹말의 분자로부터 빠져나오면서 쌀 전분은 끈적한 점성
을 가진 젤라틴 상태가 된다. 이 과정을 '호화'라 하며 이 과정을
통해 전분은 맛이 좋아지고 소화가 잘되며 우리가 좋아하는 식감
을 가진 상태로 변하는 것이다.

온도에 따라 왜 음식 맛이 달라질까?

　온도는 음식을 요리하는 과정에서만 중요한 게 아니라 맛에도
큰 영향을 미친다. 막 구워 온 뜨거운 피자를 맛있게 먹고 남은 조
각을 포장해와서 몇 시간 뒤에 다시 꺼내 먹어보면 식당에서 먹

었던 감동적인 맛은 다시 느낄 수 없다. 그 안에 들어 있는 식재료는 모두 그대로인데 왜 먹는 온도에 따라 이렇게 맛이 다르게 느껴질까? 한마디로 답한다면 인류는 찬 음식보다 뜨겁게 조리된 음식을 선호하도록 진화했기 때문이다. 오랜 경험을 통해 뜨겁게 조리된 음식이 더 많은 에너지와 영양을 공급할 뿐만 아니라 여러 가지 감염 질병으로부터도 보호해준다는 사실을 알게 되었다.

과학적인 관점에서 보면, 온도에 따라 맛을 느끼는 미뢰의 감도나 맛에 대한 뇌의 인지 정도가 달라지기 때문이다. 맛에 대한 민감도는 대략 20 ℃에서 35 ℃ 사이에서 최대치를 보이며 이보다 온도가 높거나 낮으면 맛을 덜 느낀다고 한다. 왜 이러한 현상이 나타나는지는 명확하지 않지만 오랜 인류의 식습관과 무관하지 않다는 해석이 지배적이다. 즉 오래전 우리 조상들은 숲에서 채취한 열매나 과실을 따먹거나 갓 잡은 동물의 고기를 나누어 먹었는데, 대부분 20 ℃에서 35 ℃ 사이의 음식이었다. 그러므로 우리의 맛 감각 시스템은 이 온도에 최적화되었다고 추측할 수 있다.

하지만 온도가 맛에 미치는 영향에 대해서는 연구자마다 조금씩의 차이를 보이거나 반대의 결과를 보이는 경우도 있어서 현재로서는 일관되게 설명하기 어려우며 아직도 많은 연구가 필요하다. 그럼에도 불구하고 맛과 온도에 대한 흥미로운 이야기는 다양하게 할 수 있다. 왜 커피는 뜨거울 때 맛이 있고 식으면 맛이 없는 걸까? 완벽하지는 않지만 뜨거운 커피가 맛있는 이유에 대해서는 몇 가지의 설명이 가능하다. 첫째로 커피의 쓴맛은 상온에서 가장 강하게 느껴지고 뜨거워지거나 차가워지면 약하게 느껴지기 때문이다. 둘째로 뜨거울수록 커피 속의 향 물질의 증발이 많아져 향이 강해지며, 이 기분 좋은 향이 커피의 맛을 끌어올리기 때문이다. 마지막으로 뜨거운 커피를 마실 때 사람들은 뜨거운 열로 인해 무의식적으로 경계 모드가 되면서 커피의 쓴맛에 집중하지 않기 때문이라는 것이다.

음식의 칼로리에 관한 불편한 진실

이제 뜨거운 커피가 왜 더 맛있는지를 알게 되었으니, 따뜻한 커피 한 잔을 마시러 카페에 가보자. 그런데 무슨 커피를 마셔야 할까? 다이어트를 하는 사람이라면 맛보다 열량을 먼저 따진다. 카페의 메뉴 몇 개를 살펴보면, 아메리카노는 작은 잔(355 mL) 하나에 10 kcal, 카푸치노는 110 kcal, 카페라떼는 180 kcal, 그리고 캐러멜마키아토는 200 kcal로 종류에 따라 열량 차이가 크다. 그렇다면 이 열량이란 무엇이고 어떻게 그 값을 알 수 있을까?

길이를 나타내는 단위 미터처럼 칼로리는 열량을 나타내는 단위다. 열량은 에너지의 크기를 의미하며, 1기압하에서 순수한 물 1 g을 14.5 ℃에서 15.5 ℃까지 1 ℃ 올리는 데 필요한 열량을

'1 cal'라고 정의한다. 하지만 이 양이 아주 작아 영양학에서는 1000배 큰 kcal를 주로 사용한다. 국제단위계에서는 칼로리 대신 줄(J, joule)을 사용한다. 1 cal는 4.2 J에 해당하며 실제로 유럽이나 뉴질랜드 등에서는 식품에 열량을 줄 단위로 표시하는 경우가 많다.

우리가 먹는 음식 속에 들어 있는 지방과 단백질, 탄수화물은 우리에게 에너지를 주는 주요 영양 성분들이다. 이러한 물질들은 소화와 대사의 복잡한 과정을 통해 우리 신체의 각 부위가 움직일 수 있는 에너지를 제공하는데, 어떤 음식이 제공할 수 있는 에너지의 총량을 그 식품의 열량이라 말한다. 그렇다면 어떻게 그 열량을 알 수 있을까? 만일 어떤 과자의 열량을 알고 싶다면, 건조시킨 후 태우면서 얼마나 많은 열이 발생하는지를 측정해보면 된다. 실제로 열량을 측정하는 기구, 칼로리미터는 금속통 속에 측정하고자 하는 음식을 넣고 밀폐한 후 태우면서 발생하는 열이 수조의 물 온도를 몇 도나 올리는지 측정함으로써 열량을 측정한다.

그렇다면 모든 식품에 표시되는 열량값은 모두 이렇게 일일이 음식을 태워서 측정한 값일까? 그렇지 않다. 대신 누군가가 오래 전에 이러한 일을 했고 지금은 그가 한 연구의 결과를 이용해 수학적 계산으로 열량값을 쉽게 구하고 있다. 지금부터 100년도 전인 1896년 미국 농무성의 농화학자 애트워터는 열량계를 이용해 단백질, 지방, 탄수화물 등에 들어 있는 열량값을 측정했다. 그리고 실험에 참가한 사람들에게 여러 가지 다른 음식을 먹게 한 후 먹은 음식의 원래 열량에서 대변이나 소변으로 배출된 열량을 빼주는 방법으로 우리 몸에 남겨진 열량을 계산했다. 그는 이러한 방식으로 4,000개가 넘는 음식을 조사해 '애트워터 계수'를 만들었다.

이 계수에 의하면, 음식의 형태나 조리법에 상관없이 단백질과 탄수화물 1 g을 섭취하면 17 kJ(4 kcal), 그리고 지방 1 g을 섭취하면 37 kJ(9 kcal)의 열이 발생한다. 그러므로 지방이 14 g, 탄수화물이 60 g, 단백질이 4 g 포함되어 있는 '커피 쿠키 프라푸치노'의 열량은 단순 계산으로 382 kcal([14×9]+[60×4]+[4×4])이다. 실제로 이 음료의 라벨에는 열량이 380 kcal로 표시되어 있다.

하지만 이렇게 오래전에 측정된 지표는 여러 가지 불합리한 점을 가지고 있다. 동일한 음식을 먹어도 열량을 소모하는 정도는 개인에 따라 크게 차이가 난다. 동일한 연령대와 성별, 체중을 가지고 있는 사람 간에도 하루에 소모하는 칼로리의 양은 600 kcal까지 차이가 나기도 한다. 또한 동일한 식재료라고 해도 요리하는 방법에 따라 흡수율이 달라져 애트워터 계수로 단순 계산한 값과 실제 열량은 차이가 있을 수밖에 없다. 이러한 불합리한 점들을 개선하기 위한 노력이 이루어지고는 있지만, 모든 식품의 열량을 정확히 계산할 방법이 현재로써는 딱히 없어서 이 방법을 그대로 사용하고 있는 것이다. 계산에 의해 구해진 열량값은 실제보다 대체로 높게 표시되며 정확하지도 않기 때문에 영양학자들은 다이어트를 하는 사람들에게 식품 포장지에 표시된 열량에 너무 연연하지 말라고 이야기한다.

열이 만들어낸
마법의 향기, 원두

　우리나라 사람들이 가장 자주 먹는 먹거리는 무엇일까? 2014년 〈매경이코노미〉가 조사한 바에 의하면, 커피가 밥과 김치를 앞질러 1위를 차지했다. 성인 남녀 100명 중 94명이 평소 커피를 즐기며, 주당 12.3회나 커피를 마시는 것으로 조사되었다. 11.8회의 김치와 7회의 쌀밥이 커피의 뒤를 이었다. 국내에 커피전문점이 6,700여 개, 카페는 약 5만 개로 추산된다.

　사람들은 쓴맛의 커피를 왜 이렇게 좋아할까? 진화의 측면에서 본다면, 오래전부터 쓴맛을 내는 음식은 독이 있을 지도 모르기 때문에 생존을 위해서는 피해야 할 음식이었다. 그런데 이제 사람들은 쓴 커피를 마시며 즐기기까지 한다. 그 이유를 커피의 향과 커피 속 카페인이 우리 뇌에서 기분 좋은 화학 작용을 일으키기 때문이다.

　우리 혀는 다른 맛들에 비해 쓴맛을 유독 민감하게 느낀다. 예를 들어 쓴맛을 제외한 4가지의 기본 맛을 느끼는 감각수용체는 5개인데 반해, 쓴맛을 느끼는 감각수용체는 25개나 된다. 단순히 쓴맛을 피하기 위해서라면, 이렇게 다양하게 쓴맛을 느끼도록 진화할 필요가 있었을까?

　《맛있어, 테이스티》라는 책을 쓴 칼럼니스트 존 맥퀘이드에 의하면, 유전적으로 'PROP'라는 특정한 쓴맛 물질을 민감하게 느끼는 사람과 보통으로 느끼는 사람, 거의 느끼지 못하는 사람이 있다고 한다. 그래서 어떤 사람은 쓴맛의 음식을 잘 먹고 어떤 사람은 유난히 힘들어 한다. 유전적인 차이 이외에도 사람들은 경험적으로 독이 든 것이 아닌 것들 중에서도 쓴맛을 지닌 것들이 있음을 알게 되었다. 즉 필요와 문화가 유전적인 맛에 대한 선호를 바꾼 것이다. 경험이나 생존의 필요성에 의해 일부가 쓴맛을 먹고 즐기게 되었지만, 어쩌면 우리 몸은 이미 쓴맛을 잘 판별해서 그중에서 유용한 음식은 섭취하도록 다양한 쓴맛을 인지하는 감각수용체를 발달시켜왔는지도 모른다.

커피의 쓴맛도 그중 하나다. 다시 말해 커피의 쓴 맛을 즐길 수 있게 된 것은 '쓴 맛을 가진 모든 것이 독은 아니라는 것'에서 한 걸음 더 나가 '몸에 좋은 약은 입에 쓰다'는 걸 알게 되었기 때문이다.

커피 한 잔의 여정

에티오피아의 목동 칼디(Kaldi)는 어느 날 염소들이 어떤 나무의 열매를 먹은 후, 너무 흥분해서 밤에 자지 못하는 것을 발견했다. 그래서 직접 먹어보았는데, 정말 에너지가 넘치는 듯 느껴져 그 열매를 따서 이슬람 사원의 수도승에게 가져갔다. 목동의 이야기를 듣고 겁을 먹은 수도승은 부정한 것으로 여기고 그 열매를 불에 던져버렸다. 그렇게 열매가 불에 구워지자 매혹적인 향기가 사방으로 퍼져나갔다. 칼디는 그 구워진 열매를 꺼내 갈아서 뜨거운 물에 넣어 마셔보았다. 인류 역사상 최초의 커피는 이렇게 탄생했다.

　커피나무에서 흰 꽃이 핀 후 초록색 열매가 맺히는데 이것이 빨갛게 익으면 수확이 가능하다. 열매 속에는 두 쪽의 커피콩이 들어 있는데, 이것이 바로 커피의 원료, 생두다. 커피나무는 크게 두 종류로 나뉘는데, 아라비카와 카네포라(로부스타)다. 아라비카는 쓴맛의 카페인과 자극성이 있는 성분이 적고 지방이 많아 로스팅을 했을 때의 맛과 향이 우수하다. 아라비카는 에티오피아 고산지대에서 유래했는데, 열대지방의 고산지대에서 자란다. 반면 카네포라는 아라비카보다 낮은 고도의 평지에서 자란다. 북회귀선(북위 23.5도)과 남회귀선(남위 23.5도) 사이의 기후대에서만 커피나무가 자라기 때문에 이 지역을 '커피벨트'라고도 부른다.

　커피는 여러 과정을 거쳐야만 진면목을 발견할 수 있는 보석과도 같다. 우리가 한 잔의 맛있는 커피를 마시기까지 엄청난 과정을 거친다. 커피나무에서 딴 생두는 건조와 로스팅 과정을 거쳐 원두가 되고, 다시 분쇄와 추출의 과정을 거쳐야만 한 잔의 커피가 탄생한다. 커피 한 잔에는 자그마치 1,800가지 이상의 화학물질이 녹아 있는데, 이중 850여 가지 물질이 커피의 향과 맛에 영향을 미친다.

　생두에서부터 한 잔의 커피가 만들어지는 과정 속에는 물리·화학적 반응이 수반된, 복잡한 과학적 여정이 담겨져 있다. 그러므로 완벽한 커피 한 잔을 만들기 위해서는 이러한 과정을 잘 이해하고 조절해야만 한다. 왜 커피는 그 맛이 그리도 다양하고 또 매일 다른 느낌으로 다가오는지 커피 한 잔이 만들어지는 여정을 알고 나면 이해가 될 것이다.

불과 물의 시련을 이겨내다

커피의 생두는 열을 가해 볶는 로스팅 과정을 통과해야만 비로소 우리가 아는 커피의 원두로 탄생한다. 로스팅 과정에서 열에 의해 커피 안의 당류나 아미노산 성분이 변화하여 색이 갈색으로 변하고 고유의 향이 생성된다. 앞서 살펴보았던 마이야르 반응이다. 그리고 아미노산(단백질) 성분 없이 당만으로 이루어지는 가열 산화 반응, 캐러멜화 반응이 함께 일어난다. 로스팅은 마이야르 반응과 캐러멜화 반응을 통해 맛과 향을 높이는 과정이다.

로스팅에서 가장 중요한 변수는 온도와 시간이다. 생두를 예열된 로스터에 처음 넣으면 생두에 있던 수분이 증발하면서 커피빈이 주변으로부터 열을 흡수하는 흡열반응이 일어나 로스터 내부의 온도가 급격히 떨어진다. 땀이 마르면 증발하면서 주변으로부터 열을 빼앗아가 시원하게 느껴지는 원리와 같다. 이 단계에서 생두에 있던 크로로필이나 안토시안 등의 색소가 분해되면서 녹색의 생두는 노란색이나 황금색으로 바뀌고 향도 풀 냄새에서 구수한 토스트나 팝콘 냄새로 변한다. 여기에 더 열을 가해서 온도가 175 ℃에 도달하면 커피빈이 열을 발산하면서 변하는 발열 반응이 일어난다. 그러면 이제 외부에서 가해주는 열이 덜 필요한 단계가 된 것이다.

커피빈의 내부에서 수분과 휘발성 물질이 증발하면서 커피빈은 약 28%의 무게가 감소하며 부피는 두 배 정도로 팽창한다. 이 과정에서 커피빈에 균열이 발생하는데 196 ℃ 부근에서 1차 균열이 나타나고 225 ℃ 부근에서 또 한 번 균열이 발생한다. 1차 균열은 내부에서 발생하는 고압의 수증기의 증발 때문이며, 2차 균열은 내부에서 발생하는 일산화탄소나(CO) 탄산가스(CO_2), 산화질소(NO_x) 등에 의한 압력 때문으로 알려져 있다. 이러한 균열은 소리를 동반하기 때문에 커피의 로스팅 단계를 판단하는 지표의 하나로 사용되기도 한다.

로스팅 과정에서 나타나는 화학적 변화는 대단히 복잡하다. 로스팅을 통해 생두에는 존재하지 않던 수많은 맛과 향이 만들어진다. 탄수화물은 줄어들고 마이야르 반응과 캐러멜화 반응을 통해 생성된 물질들이 커피의 기본적인 맛을 형성한다. 로스팅 정도에 따라 신맛과 단맛, 쓴맛, 향이 달라지는데, 각 맛의 최대치에 도달하는 시기가 각기 다르기 때문에 로스팅의 정도를 조절하면 원하는 맛의 조합을 만들 수 있다. 로스팅 중 신맛이 가장 먼저 최대치에 도달하고 단맛과 향이 그 다음에 나타나며, 입안에서 느껴지는 밀도감이나 중량감을 의미하는 바디감이 그 다음을 잇는다.

더 오랫동안 로스팅을 하면 쓴맛의 최대치에 도달하고 그 후에는 탄내가 강해진다. 로스팅의 온도와 시간에 따라 커피빈의 색깔도 변하므로 원두의 색깔도 로스팅의 정도를 판단하는 기준이 된다.

시티 혹은 프렌치

핸드드립을 하는 프리미엄 커피숍에 가보면, 메뉴판에 시티 혹은 프렌치 등 조금은 생소한 말들이 적혀 있는 경우가 있다. 이것은 원두의 산지가 아니라 로스팅 정도를 나타내는 말이다. 동일한 생두일지라도 로스팅에 따라 매우 다른 맛과 향, 색깔의 원두가 만들어지는 게 커피의 매력이다. 로스트 정도는 크게 라이트, 미디엄, 다크 등 3단계, 혹은 미디엄과 다크의 중간에 미디엄 다크의 한 단계를 더 두어 4단계로 분류한다. 그 안에서 좀 더 세분하여 구분하기도 하는데, 이러한 구분 역시 절대적인 것은 아니고 약간씩의 차이가 있다.

라이트 로스트의 경우, 로스트를 마치는 온도가 196 ℃에서 205 ℃ 정도이며 1차 균열이 발생하는 온도와 유사하다. 색은 옅은 갈색을 띠고 향은 구운 곡물향이 나며 신맛이 강한 원두가 된다. 이 단계의 원두를 시나몬(Cinnamon)이나 하프시티(Half City) 등의 이름으로 부른다.

미디엄 로스트의 경우 210 ℃에서 219 ℃ 사이에서 로스팅이 이루어지며 2차 균열이 발생하기 직전까지의 온도다. 중간 정도의 갈색을 띠며 곡물향과 신맛이 줄어들고 캐러멜 향과 쓴맛이 올라와 균형을 이루게 된다. 이 단계를 아메리칸(American)이나 시티(City), 브렉퍼스트(Breakfast) 로스트라고 부른다.

미디엄 다크 로스트의 경우 225 ℃에서 230 ℃ 사이에서 로스팅이 끝나며 2차 균열이 발생하는 온도에 해당한다. 보다 진한 갈색이 되며 원두의 커피에 기름 성분이 보이기 시작한다. 향이 강해지고 신맛은 약해지며 캐러멜 향이 진해진다. 이 단계는 풀시티(Full-City)나 애프터 디너(After Dinner), 비엔나(Vienna) 로스트라고 부른다.

마지막으로 다크 로스트의 경우 240 ℃에서 250 ℃ 사이에서 로스팅을 하며 원두는 어두운 갈색을 띠거나 검은 색에 가까워진다. 표면은 지방으로 인해 반짝인다. 신맛과 커피 원래의 풍미는 거의 사라지고 쓴맛이 강해지며 때로는 탄맛이 나기도 한다. 이 단계는 프렌치 로스트나 이탈리안 로스트 등으로 불린다.

여기까지가 생두가 우리들에게 익숙한 갈색의 원두로 만들어지기까지의 여정이다.

참을 수 없는 유혹,
튀김

몇 년 전 어느 드라마에서 전지현이 "눈 오는 날엔 치맥인데"라고 한 대사 한 마디가 한동안 중국인들을 '치맥' 열풍에 빠져들게 만들었다. 이 드라마를 안 봤어도 쌀쌀한 날 퇴근길에 어디에선가 냄새가 풍겨온다면 누구라도 그 구수한 유혹에 빠져들게 될 것이다.

사실 우리나라에서 튀긴 음식 문화가 그리 오래되지는 않았다. 1960년대만 해도 길거리에서 사람들을 유혹하던 닭 요리는 튀김이 아니라 전기구이 통닭이었다. 그랬던 것이 1980년대에 들어서면서 튀긴 닭 요리가 대세를 이루게 되었다. 1984년 미국의 유명한 치킨 전문점 KFC도 서울 종로에 첫 매장을 열었다.

튀긴 요리의 역사

그렇다면 세계적으로 튀김 요리는 언제 어디에서 시작되었을까? 문헌에 의하면 프라이팬은 고대 메소포타미아에서 발명되었다고 한다. 이미 이때부터 음식을 기름에 요리해 먹기 시작한 것이다. 기원전 5세기경부터 이집트나 그리스 등에서 튀긴 음식이 등장했으며, 1세기의 로마 요리책에 이미 닭튀김에 대한 기록이 있다고 한다. 그 후 올리브 오일 등을 쉽게 구할 수 있었던 유럽을 중심으로 생선이나 야채를 기름에 튀겨 먹는 음식 문화가 퍼져나갔다.

튀김의 역사에 한 획을 긋는 사건 중 하나는 일본에 튀김의 조리 방법이 전해진 일이 아닐까 한다. 1543년 중국의 배를 타고 마카오로 향하던 포르투갈 선원 3명이 항로에서 벗어나 일본의 한 섬에 도착한다. 이들은 일본에 도착한 첫 번째 포르투갈인이었다. 이후 일본과 포르투갈은 교류를 시작했으며 1639년 기독교를 전파한다는 이유로 포르투갈인들이 일본에서 쫓겨나기 전까지 100년 가까이 교류가 활발하게 이루어졌다. 비록 포르투갈인들은 일본에서 철수했지만, 그들은 아직도 일본을 대표하는 음식인 '덴뿌라'를 남겨주고 떠난다. 포르투갈인들은 껍질콩(그린 빈스)에 튀김옷을 입혀 기름에 튀긴 페씨뇨스 다 호르타(peixinhos da horta)를 즐겨 먹었다. 특히 이 음식은 가톨릭교의 사순절 등

고기를 먹지 않는 기간에 즐겨 먹는 음식인데, 금식 기간을 뜻하는 라틴어 '템포라(tempora)'가 일본에서 '덴뿌라(tempura)'로 바뀌었을 것으로 추정한다.

튀김의 매력은 과학적이다

갓 튀긴 고구마튀김을 한 입 베어물었을 때를 상상해보자. '바삭'하는 소리를 내며 입안에서 부서지는 노릇노릇한 튀김옷의 식감과 구수한 향기, 혀끝을 적셔오는 따뜻한 기름의 고소한 풍미, 그리고 튀김옷 속 촉촉하고 달콤한 고구마의 맛이 한꺼번에 느껴지면 우리는 행복감에 빠져든다. 그런데 왜 잘 튀긴 튀김은 한결같이 바삭할까? 지금부터 튀김이 만들어지는 과정을 따라 잠시 과학 여행을 떠나기로 한다.

튀김의 과정은 4단계로 나누어볼 수 있다. 첫 번째 단계는 튀길 음식을 뜨거운 기름 속에 처음 담갔을 때, 대략 10초 정도의 시간이다. 달궈진 기름의 열기가 음식 표면의 튀김옷으로 전해지면서 튀김옷의 온도가 물이 끓는점에 도달하는 단계다. 튀김 용기 안에서 뜨거워진 기름은 밀도가 낮아져 위로 올라가고 상층에 있던 기름은 온도가 내려가면서 무거워져 아래로 내려가는 대류 현상이 일어난다. 순환하는 기름은 음식의 표면을 가열하고 그 열이 서서히 음식 내부로 전달되기 시작한다.

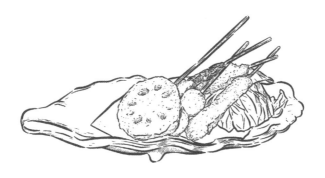

다음 단계는 표면에서 거품이 일면서 끓기 시작하는 단계다. 이 거품을 보면서 많은 사람들이 '기름이 끓고 있다'고 생각한다. 하지만 이 거품은 기름이 끓는 것이 아니고 튀김옷 속에 들어 있던 수분이 뜨거운 열기 때문에 증발하면서 발생된 기포다. 기포가 폭발적으로 발생히면서 기름의 순환을 촉진하고 뜨거운 기름이 계속 음식을 가열시킨다. 또한 이 수증기의 기포들은 음식 주변에 수증기 막을 형성해서 기름이 음식 속으로 침투하는 것을 막아준다. 이 과정에서 튀김옷의 바삭한 식감이 만들어진다. 과일 조각이나 야채를 말리면 수분이 날아가 바삭해지는 것과 같은 원리다. 이때 기름 온도는 150 ℃에서 200 ℃ 정도로 유지되며 음식 내부 온도는 100 ℃를 약간 상회한다.

다음 단계는 내부로 전달된 열로 튀김옷 안의 음식이 익는 과정이다. 내부의 수분이 끓는 온도에 도달하면서 내부 영양 성분들의 변화가 나타난다. 표면에서 일어나는 가장 대표적인 반응은 마이야르 반응이다. 즉 전분이 주성분인 튀김옷이나 감자 등이 먹음직스러운 갈색으로 변하고 달큰한 향이 만들어진다.

튀김의 마지막 단계는 격렬하게 발생하던 거품이 잦아드는 시기다. 이때 기름에서 음식을 바로 꺼내야 한다. 그러지 않으면 음식 안으로 기름이 침투해 들어가 바삭함이 사라진다.

아이스크림을 튀길 수 있는 원리

차가운 아이스크림을 뜨거운 기름에 튀길 수 있을까? 결론만 이야기하면 가능하다. 실제로도 이런 음식이 존재한다. 그러면 어떻게 가능할까? 먼저 아이스크림을 일반적으로 냉동 보관하는 온도(보통 영하 15 ℃)보다 더 차갑게 만든다. 그리고 일반 아이스크림 스쿱보다 더 큰 덩어리를 만들어 그 위에 파이 크러스트 같은 튀김옷을 얇게 입힌다. 그리고 뜨거운 기름에 넣어 짧은 시간 동안 튀겨낸다. 앞서 설명한 바와 같이 튀김옷이 튀겨지는 초기에는 내부로 열이 비교적 느리게 전달되어 튀김옷 속의 아이스크림이 거의 녹지 않고 보존될 수 있게 된다. 다른 튀김 요리들과 마찬가지지만 튀긴 아이스크림은 더더욱 즉석에서 먹어야 본연의 맛을 느낄 수 있다.

과학자들은 혜성이 바로 아이스크림 튀김과 같은 모양을 하고 있다고 한다. 즉 내부는 암석과 얼음이 섞여 차갑지만 부드러운 비결정질 형태인데 반해, 표면은 딱딱한 데다 마찰열에 의해 뜨겁게 달궈진 형태가 닮아 있다고 한다.

튀김은 노릇노릇하고 바삭한 겉껍질과 촉촉한 속 재료가 어우러질 때 최상의 맛을 느낄 수 있다. 튀김옷은 튀기는 과정에서 발생하는 표면의 격렬한 반응으로부터 속 재료를 보호하고 내부의 수분을 유지하면서도 바삭한 겉면을 만들기 위해 필요하다. 그러기 위해서 튀김옷은 전분을 포함해야 한다. 물론 감자처럼 그 자체로 전분이 많은 경우에는 따로 겉껍질이 없어도 튀김을 만드는 것이 가능하다. 빵가루는 전분에 비해 기공이 많아 수분 증발을 보다 용이하게 만들기 때문에 바삭함을 좀 더 오래 유지할 수 있다. 밀가루를 사용할 경우에는 저단백질의 박력분 밀가루를 사용하면 좋고, 바삭한 식감을 원한다면 옥수수가루나 글루텐이 없는 쌀가루를 사용하는 것이 좋다.

맛있는 튀김을 만들기 위해서는 두 번 튀기는 것이 좋다는 것을 경험적으로 알고 있을 것이다. 여기에는 몇 가지 과학적 근거가 숨어 있다. 첫 번째 튀긴 음식은 식으면서 내부에 남아 있던 수분이 튀김옷 쪽으로 이동한다. 그래서 바로 눅눅해지는 것이다. 이런 상태에서 다시 한번 튀기면 표면으로 모여들었던 수분이 다시 빠져나오면서 전체적으로 수분의 함량이 낮아지게 된다. 그럼 식어도 표면으로의 수분 이동이 줄어들어서 바삭한 식감을 갖게 된다.

두 번째 이유는 튀기는 과정에서 만들어지는 미세 구조 때문이다. 첫 번째 튀기는 과정에서 수분이 증발하면서 튀김 속에 구불구불한 미세 통로를 만들어놓는데, 다시 한번 튀기면 이 길들이 보다 직선화되고 서로 연결되면서 수분 증발을 보다 용이하게 만든다. 그래서 보다 바삭한 튀김을 가능하게 만든다.

맛있는 튀김을 만들기 위한 과학적 팁이 하나 더 있다. 튀김이 식기 시작하면 내부에 수증기 형태로 남아 있던 수분이 응축하면서 액체 상태의 물이 생겨나는데 이때 부피가 줄어들면서 일종의 약한 진공상태가 만들어진다. 이럴 경우 튀김이 표면에 남아 있는 기름을 안쪽으로 빨아들여서 기름지고 눅눅한 상태로 변할 수 있다. 이런 현상이 일어나지 않게 하기 위해서는 튀기고 나서 바로 표면에 남아 있는 기름을 닦아내면 된다. 이 팁은 바삭한 식감뿐만 아니라 건강을 위해서도 알아두면 좋은 팁이다.

튀김의 유혹과 건강

튀김은 분명 뿌리치기 어려운 맛의 매력을 지니고 있지만, 건강에는 그리 좋지 않다는 연구가 많다. 하버드대학교 공중위생대학의 연구에 따르면, 25년에 걸쳐 1만 명의 남녀를 조사한 결과 일주일에 적어도 한 번 이상의 튀김 음식을 먹는 사람들은 2형 당뇨병과 심장병의 위험이 증가했다. 또 튀김을 먹는 빈도수나 섭취량에 비례해서 위험도 증가했다고 한다. 예를 들어 튀긴 음식을 먹지 않는 사람에 비해 일주일에 4~6번 튀김을 먹는 사람은 당뇨병에 걸릴 위험이 39%, 일주일에 7번 이상을 먹는 사람은 55% 증가했다고 한다.

튀긴 음식이 고칼로리라는 문제도 있지만, 사용하는 기름에 따라서 몸에 유해한 성분을 함께 섭취할 수 있기 때문에 더욱 위험하다. 밖에서 사먹는 튀김은 기름이 반복적으로 재사용됨으로써 신선하지 않을 가능성이 높은데, 그럴 경우는 체중 증가와 고지혈증, 고혈압 등을 유발하여 당뇨병이나 심장질환의 위험 인자를 높이게 된다.

2017년에 발표된 이탈리아 파도바의과대학의 니콜라 베로네스 교수의 연구 결과는 훨씬 더 충격적이다. 일주일에 두 번 이상 감자튀김을 먹으면 수명이 단축될 수 있다는 것이다. 45세에서 79세의 성인 4,440명을 대상으로 8년간 추적 조사한 결과에 따르면, 일주일에 2번 이상의 감자튀김을 먹은 사람들은 그렇지 않은 사람에 비해 조기 사망률이 무려 2배나 높았다고 한다. 이 연구 결과에 대해서는 연구 방법론이나 해석에 이견을 제기하는 전문가들도 있어 신뢰도 측면에서 아직 완전히 검증이 이루어졌다고 보기는 어렵지만 조심해서 나쁠 것은 없다.

감자튀김이 몸에 해롭다는 주장의 근거는 조리과정에서 발생하는 아크릴아미드(acrylamide)라는 화학물질 때문이다. 아크릴

아미드는 고온에서 조리할 때 아미노산과 설탕이 반응하여 만들어지며 많은 튀긴 음식에서 만들어지지만, 특히 감자튀김에서 잘 만들어진다. 아크릴아미드는 동물실험 등을 통해 발암물질로 밝혀진 물질이다.

　미국식품의약품안전청(FDA)의 자문위원이었던 오하이오주립대의 켄 리 교수는 건강한 사람이 아크리아미드가 들어 있는 튀김 음식을 적당히 먹는 것은 그리 위험하지 않다고 말한다. 하지만 암을 가족력으로 가지고 있는 사람이라면 주의를 기울일 필요가 있다고 덧붙였다.

　건강하게 튀김을 즐기기 위해서는 기름은 재사용해서는 안 된다. 또한 불포화지방을 항상 기름의 발화점 이하의 온도에서 사용하고, 오메가3 지방산이 많은 올리브유와 콩기름, 카놀라유 등을 사용하는 것이 좋다. 튀김 색깔이 어두워질수록 아크릴아미드의 양이 증가하기 때문에 튀기는 시간도 줄이는 것이 좋다. 또 감자는 냉장고에 보관하면 당 성분이 증가하기 때문에 상온에 보관한 감자를 사용하는 것이 좋다.

　튀김이 건강에는 해롭다지만, 그 구수한 냄새와 바삭한 식감, 고소한 맛은 외면하기 힘들다. 찬바람이 불거나 눈 내리는 날, 가끔씩 치맥을 먹으면서 느끼는 작은 행복도 삶을 풍요롭게 하는 일이다.

음식 맛이
2% 부족할 때

≪≪≪

영미권에서는 과학적 방법이 아닌 경험으로 알게 된 경험법 칙을 '엄지손가락 법칙(rule of thumb)'이라고 한다. 예로부터 사람들은 무언가를 측정할 때 손을 사용했는데, 엄지손가락 두께 는 천을 사고팔 때 대략 '1인치'와 같은 크기로 사용되었다고 한다. '신사의 나라'로 알려진 영국에서 과거에는 남편이 아내를 매질하던 시절도 있었다고 한다. 더욱 놀라운 것은 아내를 때릴 때 사용할 수 있는 막대기의 굵기까지 규정해두었다는데, 그 굵기 가 남편의 엄지손가락 두께보다 얇아야 한다는 것이었다. 이것을 '엄지손가락 법'이라 불렀다.

엄지손가락 법칙은 또 다른 유래도 가지고 있다. 온도계가 발명되기 전 양조 기술자들은 효모를 첨가할 적당한 때를 알기 위해, 술 원료 혼합물에 엄지손가락을 담가 온도를 측정했다. 이 온도 측정에 의해 맥주의 맛이 달라지기 때문에 엄지손가락의 감이 대단히 중요했으리라.

이렇듯 온도는 음식의 맛에 대단히 중요한 역할을 한다. 인간은 많은 음식을 불에 익혀 먹는다. 불의 발견으로 인류는 음식을 익혀 먹게 되었고, 다양한 음식을 섭취하면서도 훨씬 쉽게 소화할 수 있었다. 다른 동물들이 날것을 씹어먹고 소화하기 위해 오랜 시간을 소비하는 데 비해 인간은 익힌 음식을 먹음으로써 소화에 필요한 시간을 대폭 단축할 수 있었다. 그리고 그 시간을 다른 창의적인 일에 쏟을 수 있는 시간적 여유가 생겼다.

요리, 온도와 시간의 마법

동일한 재료로 만든 음식의 맛 또한 조리 방법에 따라 그 맛과 영양이 달라진다. 또한 같은 음식도 먹는 온도에 따라 맛이 미묘하게 달라진다. 우리는 음식의 온도를 조절함으로써 다양한 맛을 느낄 수 있게 되었다.

돼지고기를 몇 도에 구워야 가장 맛있을까. 개인적 기호의 차이는 있겠지만, 일반적으로 60~70 ℃ 사이에서 굽는 게 가장 좋다고 한다. 미국에서는 한 세대 전만 해도, 돼지고기 안에 기생하는 선모충 때문에 80 ℃ 이상의 온도로 굽기를 권고했다. 그러나 이 기생충이 58 ℃ 이상에서는 살지 못한다는 것이 밝혀지면서

60 ℃ 이상이면 안전하다고 바뀌었다.

쇠고기 스테이크의 경우, 미디엄 레어(medium-rare)는 63 ℃, 미디엄(medium)은 71 ℃, 완전히 굽는 웰던(well done)은 77 ℃로 굽는다. 살균의 측면에서 보면 온도뿐만 아니라 시간도 중요하다. 즉 높은 온도에서는 짧은 시간으로도 충분하지만 상대적으로 낮은 온도에서는 더 오랜 시간이 필요하다. 미국 농무부 식품안전검사 기준에 의하면, 닭고기의 경우 유해한 균을 죽이는 데 60 ℃에서 최소 35분을 유지해야 하지만, 70 ℃에서는 41초만 유지해도 같은 효과를 얻을 수 있다.

음식을 조리할 때에도 적정한 온도가 있듯이 사람들이 음식을 먹을 때에도 맛있게 느끼는 온도가 따로 있다. 2005년의 한 연구에 의하면, 체더치즈는 먹는 온도에 따라 맛이 다르게 느껴진다고 한다. 연구자들은 체더치즈를 5 ℃와 12 ℃, 21 ℃의 온도에서 실험자들에게 제공하고 맛을 물어보았다. 그랬더니 실험에 참가한 사람들 모두가 온도가 올라갈수록 신맛이 강하게 느껴진다고 말했다. 그런데 더 높은 온도의 치즈를 주자 사람들은 치즈의 맛을 구별하기 어려워했다.

우리도 경험으로 알고 있다. 차가운 맥주보다 미지근한 맥주가 더 쓰게 느껴지고, 차가운 아이스크림보다 조금 녹은 아이스크림이 더 달게 느껴진다. 그 이유는 무엇일까? 2004년 〈네이처〉에 실린 연구 결과에 의하면, 우리 혀의 미뢰 안에는 맛 세포가 있는

데 그 속에는 TRPM5라는 이온을 통과시키는 통로(이온 채널)가 있다. 이 채널은 단맛과 쓴맛, 감칠맛을 느끼는 데 중요한 역할을 한다. 맛을 가진 분자가 맛 세포에 도달하면, TRPM5라는 이온 채널이 열려 전기적 신호를 만들고 이 신호가 뇌로 전달되어 맛을 느끼게 한다.

그런데 TRPM5는 온도에 따라 단맛과 쓴맛을 다르게 느낀다. 15℃에서는 통로가 살짝 열리지만, 37 ℃가 되면 완전히 활성화되어 단맛과 쓴맛을 100배나 더 강하게 느끼게 한다. 즉 음식의 온도가 상승하면 반응이 강해져 더욱 강한 전기적 신호를 뇌로 보내게 되고 뇌는 더 강한 맛으로 인식한다는 것이다. 그래서 같은 양의 설탕이 들어 있는 아이스크림이 녹았을 때에 더 달게 느껴지는 것이다. 마찬가지로 미지근한 맥주가 차가운 맥주보다 더 쓰게 느껴지는 것도 높은 온도에서 쓴맛의 민감도가 크게 상승하기 때문이다.

일반적으로 가정에서 마시는 원두커피의 온도는 60 ℃ 정도지만 사람들이 맛있게 느끼는 커피의 온도는 이보다 훨씬 높은 82~88 ℃ 정도라고 한다. 미국의 한 패스트푸드 업체는 맛있는 커피를 내기 위해 85 ℃ 정도의 커피를 판매하고 있었다. 그런데 1992년 한 고객이 드라이브 스루에서 커피를 산 뒤 출발하면서 커피를 쏟아서 화상을 입는 일이 발생했다. 그 고객은 패스트푸드 업체를 상대로 소송을 제기했다. 고객이 화상을 입을 위험이 있음을 미리 고지하지 않았다는 이유로 무려 286만 달러를 지급하라는 판결이 내려졌고 해당 패스트푸드 업체는 거액의 배상금을 지급해야만 했다. 그 후 이 패스트푸드 업체에서는 커피의 온도를 70 ℃로 낮추었다고 한다.

1999년 〈네이처〉에 실린 논문에 의하면, 혀의 특정 부위의 온도를 변화시키면 사람들은 맛의 환상을 느낄 수 있다고 한다. 즉 혀 앞부분의 온도를 높이면 단맛의 환상을 느끼고, 차갑게 냉각시키면 신맛과 짠맛의 환상을 느낀다고 한다.

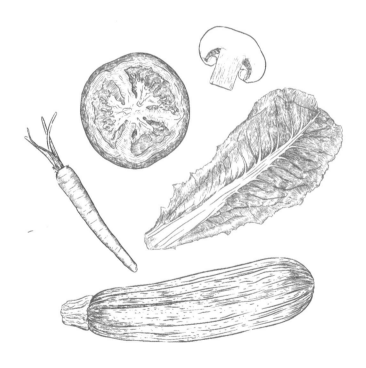

음식을 먹을 때 함께 마시는 음료에 따라 맛을 느끼는 정도가 달라질 수 있다는 연구 결과도 있다. 미국 사람들은 식사 때 대체로 얼음을 넣은 탄산음료 같은 차가운 음료수를 좋아한다. 반면 유럽 사람들은 실온보다 약간 낮은 온도의 물을 좋아하고 동양에서는 대체로 뜨거운 물이나 차를 마시는 경우가 많다. 2013년 한 연구에 의하면, 찬물을 마시고 바로 음식을 먹으면 단맛, 초콜릿 맛, 그리고 크림의 느끼한 맛을 덜 느낀다고 한다. 연구자들은 미국인들의 단맛에 대한 특별한 선호가 식사와 함께 찬물을 마시는 습관과 연관이 있지 않을까 추측했다.

우리나라 사람들은 뜨거운 국물이 있는 음식을 좋아한다. 된장찌개나 탕류는 모두 끓을 정도로 '뜨거워야 제맛'이라는 느낌이다. 음식마다 사람들이 맛있게 느끼는 온도가 따로 있다. 예를 들어 찌개는 95 ℃ 정도에서 맛있고, 냉수는 13 ℃가 가장 맛있게 느껴지며, 적포도주는 16~18 ℃, 맥주는 6~8 ℃ 정도가 좋다고 한다.

음식의 맛에 온도가 주는 영향은 단순히 혀에서 일어나는 화학적 민감도의 변화뿐만은 아닐 것이다. 대체로 온도가 높을수록 향을 느끼게 하는 물질이 더 많이 나오고 이 향이 음식의 풍미를 끌어올리기 때문에 더 맛있게 느끼는 것이다. 혀에서 느끼는 맛과 입안에서 퍼지는 향, 씹을 때 느껴지는 촉감과 소리, 음식을 담은 그릇이나 먹는 도구가 만들어내는 분위기, 뇌 속에 간직된 그 음식에 대한 기억 등이 더해져 같은 음식이라도 우리는 늘 조금씩 다르게 느낀다. 이런 의미에서 본다면, 온도야말로 음식에서 맛을 결정짓는 중요한 요소가 아닐까.

아직도 경험법칙이 주방을 지배한다. 식재료의 정확한 무게나 적정 온도에 따라 조리하기보다는 감에 의해 음식을 조리할 때가 많다. 물론 음식은 경험이 대단히 중요하다. 하지만 음식 맛이 무언가 부족하다고 느껴진다면, 어쩌면 숨겨진 2%의 맛이 온도에 숨어 있다는 걸 기억하기 바란다.

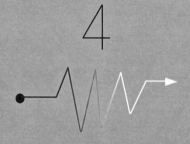

4

단위로 만나는 맛과 과학

우리 뇌에서 시각과 연관되는 부위가 전체의 반을 차지하는 반면,
맛을 느끼는 부위는 단 2%에 불과하다고 말한다.
그러므로 우리의 뇌는 음식에 대한 경험을 정리하고 예측하는 데
음식의 색과 같은 시각 정보에 크게 의존한다.

어머니의 식혜,
시간이 만드는 맛

음식을 만드는 데 있어서 가장 중요한 두 가지 물리적 변수는 온도와 시간이다. 음식마다 가장 적절한 조리 온도가 있을 뿐만 아니라 가장 알맞은 시간도 존재한다. 모든 변화는 에너지와 시간이 필요한데, 때로는 온도보다 시간이 더 중요한 변수로 작용하기도 한다. 국제단위계에서 시간의 기본 측정 단위는 '초'다.

1 초는 지구가 자전하는 주기를 8만 6,400등분한 길이로 처음 정의되었지만, 지금은 세슘 원자의 미세한 에너지 변화에 따라 방출되는 전자파의 진동수를 기준으로 측정하고 있다. 음식을 만드는 데 있어서 시간은 마술과 같이 깊은 맛을 내는 도구가 되기도 하고, 추억이 되어 맛에 또 다른 영향을 주기도 한다.

오래된 기술이자 예술인 금속의 열처리에서 대단히 중요한 데이터의 하나로 't-t-t 곡선'이라는 것이 있다. 시간(time)과 온도(temperature)에 따른 금속의 상태 변화(transformation)를 하나의 도표로 만들어놓은 것으로, 우리가 원하는 성질의 금속을 만들기 위해서 어떤 온도에서 얼마 동안 유지하고 또 얼마나 빨리 냉각시켜야 할지를 보여주는 자료다. 하지만 열처리를 하는 사람들은 이 도표의 이름을 'things take time', 즉 모든 것은 시간이 필요하다고 다르게 해석하기도 한다. 음식을 만드는 일도 마찬가지 아닐까.

우리가 일상에서 쉽게 접하는 계란 삶기를 잠시 살펴보기로 하자. 계란은 0.3~0.4 mm 두께의 딱딱한 껍질과 단백질 10%에 물이 88%인 흰자, 그리고 그 안에 노른자가 들어 있다. 노른자는 수분 49%, 단백질 16%, 지방 33%로 이루어져 있다. 계란을 끓는 물에 삶을 때 껍질 부분으로부터 내부로 열이 전달되고, 이에 따라 내부에서 화학적 변화가 일어나 단백질의 구조가 변하면서 우리에게 익숙한 식감과 맛을 지닌 형태로 변화한다. 이 같은 열 전달 과정은 복잡한 방정식을 풀어야 정확히 알 수 있다. 아무튼 그러한 계산에 의하면, 냉장고에서 막 꺼낸 계란(4 ℃)을 끓는 물(100 ℃)에 넣었을 경우, 직경이 45 mm인 계란의 중심부 온도가 노른자의 응고 온도 70 ℃가 되는 데 걸리는 시간은 13분 정도다. 다시 말해 완숙 계란을 삶는 데 필요한 시간이다. 만일 노른자가 완전히 익지 않은 반숙을 원한다면, 흰자와 노른자의 경계 부분의 온도가 65 ℃를 넘지 않아야 한다. 이러한 조건으로 계산해보면 60 g 정도의 계란을 반숙하는 데 필요한 시간은 5분 남짓이다. 만일 삶는 시간이 부족하면 단백질이 덜 굳고, 너무 오래 삶으면 퍽퍽해지고 노른자 표면이 청록색의 황화철 성분이 형성되어 맛과 식감이 떨어진다.

그렇기 때문에 대부분의 조리법에는 경험적으로 얻어진 적정 온도와 함께 적정 시간이 표시되어 있다.

패스트푸드와 슬로우푸드

음식을 만드는 일은 이렇게 시간을 필요로 한다. 그리고 때로는 시간의 흐름에 따라 맛이 깊어지기도 한다. 간장이나 된장, 차나 포도주처럼 말이다. 하지만 요즘에는 음식을 준비하는 시간을 돈으로 살 수 있게 되었다. 햄버거 등의 패스트푸드가 바로 그런 음식이다.

햄버거로 대표되는 패스트푸드가 유럽에 상륙하자 이를 반대하는 사람들이 생겨났다. 음식을 표준화하고 각 나라의 전통음식을 소멸시키는 패스트푸드와 미국식의 바쁘게 살아가는 삶의 패턴에 대한 반기였다. 슬로우푸드 운동은 1986년 미국의 맥도날드가 이탈리아에 진출한 이후 시작되었다. 이탈리아의 브라(Bra)라는 마을을 중심으로 시작된 이 운동은 그 후 1989년 파리에서 '슬로우푸드 선언문'이 발표되면서 국제적인 슬로우푸드 운동으로 발전되었다.

슬로우푸드 운동의 정신은 음식 자체만이 아니라 건강하고 행복한 음식 문화를 지향하는 것이다. 인근 지역에서 생산된 건강한 식재료의 사용, 몸과 마음의 건강을 고려한 조리법, 그리고 먹으면서 감사함을 느낄 수 있는 식사 매너 등이 포함된다. 다시 말해, 신선하고 좋은 식재료로 시간을 들여 정성스럽게 준비한 균형 잡힌 영양의 음식을 함께 앉아 여유 있게 즐기며 감사하는 음식 문화를 뜻한다. 슬로우푸드 운동은 사라져가는 전통적인 음식을 지키고, 자라나는 아이들을 포함한 음식의 소비자들에게 맛에 대한 교육을 통해 올바른 먹거리를 구별하도록 한다. 또 음식을 통해 기뻐할 권리를 가르쳐주며, 질 좋은 식재료의 생산자를 보호한다는 구체적인 활동 목표도 가지고 있다.

우리 전통음식들은 대체로 이러한 슬로우푸드 정신에 맞는 음식이라고 할 수 있다. 간장, 된장, 고추장 등 우리 음식의 가장 기본이 되는 장류는 모두 콩으로 메주를 만들어서 시간을 들여 발효시키고, 또 이 메주를 원료로 장을 만든 후 다시 오래 기다려 맛을 낸다. 이 밖에도 김치나 젓갈 등 많은 음식들이 시간을 필요로 하는 발효과정을 거쳐 만들어진다. '집안을 알려면 장맛을 보라'는 말이 있을 정도로 우리의 전통 음식은 만들어지는 식재료나 환경에 따라 각기 독특한 맛을 내면서 다양성을 유지했다.

하지만 사람들이 모두 바빠지고 음식 문화가 변하면서 이제는 우리의 전통적인 음식들마저 다른 의미의 패스트푸드가 되어가는 느낌이다. 즉 우리 어머니 시대에는 모든 장류나 김치를 모두 집에서 손수 만들어야 했고 만든 후에도 한참을 기다려야 제맛을 내는 대표적인 슬로우푸드였다. 그러나 이제는 대부분 공장에서 빠르고 획일적으로 만들어져 어디에서나 쉽게 바로 사서 먹을 수 있는 음식으로 바뀌었다.

어머니의 사랑이 깃든 맛

어릴 적 어머니가 해주신 음식 중 지금도 기억에 오랫동안 남는 음식이 있다. 바로 흑임자죽과 식혜다. 이 두 음식의 공통점은 아무 때나 먹을 수 없는 귀한 음식이며, 준비하는 데 시간이 오래 걸리는 음식이라는 점이다. 흑임자죽은 내가 아플 때만 어머니께서 특별히 만들어주셨던 음식이다. 직접 농사지은 검정깨를 깨끗이 씻어 체에 받치고 볶은 후 곱게 갈아 깨소금을 만들고, 불린 쌀을 잘게 빻아 검정 깨소금과 물을 섞어 불에서 20여 분을 저어가며 끓여야 했던 슬로우푸드다. 부엌에서 죽을 준비하는 과정에서 벌써 고소한 냄새가 코를 자극했지만 그러고도 한참을 기다려야만 맛볼 수 있었다. 그 맛이 너무도 좋아 때로는 꾀병을 부리기도 했던 기억이 난다.

식혜도 명절 때만 특별히 만들던 음식이었다. 그 당시 식혜를 만드는 과정을 정확히 관찰하지는 못했지만 식혜를 만들기 위해 미리 보리로 엿기름을 기르고 준비하던 일, 그리고 엿기름물과 밥을 넣은 그릇을 아랫목에 놓고 이불을 덮어두었던 기억이 난다. 침을 삼키며 아랫목에서 이불 덮은 식혜가 잘 익어가기를 기다렸다.

식혜는 우리나라의 대표적인 발효 음료로 준비하는 과정에서 온도와 시간이 중요한 음식 중 하나다. 식혜를 만들 때 가장 중요한 재료는 바로 엿기름이다. 엿기름은 보리의 싹을 틔운 후 바로 건조시킨 것을 말하는데, 보리의 싹이라는 뜻으로 한자로는 '맥아(麥芽)', 영어로는 '몰트(malt)'라고 부른다. 보통 맥주 제조 등 양조 분야에서는 맥아라고 부르고 식혜나 조청 같은 것을 만들 때에는 엿기름이라고 부른다. 보리나 곡물 등은 싹이 날 때 필요한 에너지원으로 자신의 씨앗에 있는 녹말을 이용한다. 싹이 난 곡물 속에서는 다당류인 녹말을 단맛이 나는 단당류로 분해하는 효소 아밀레이스가 증가한다. 그러므로 싹이 난 보리를 말려서 더 이상 발아현상이 진행되지 못하게 막으면 그 안에 아밀레이스 효소가 많이 남아 있게 된다. 식혜를 만들 때 엿기름을 사용하는 이유는 바로 이 효소를 이용하기 위해서다. 엿기름에 물을 부어 한두 시간 불린 후 주물러 주면 엿기름 속에 들어 있던 아밀레이스가 우러나온다. 앙금을 가라앉힌 맑은 엿기름물과 밥을 섞어 따뜻하게 해주면 아밀레이스가 쌀밥 속 탄수화물을 분해해서 단맛을 내는 엿당(maltose)으로 바뀐다. 식혜를 만들기 위해서는 베타 아밀레이스가 가장 활발하게 작용하는 65 ℃ 부근에서 4시간 정도 놔두어야 한다. 이 시간이 지나면 식혜 표면으로 삭은 밥알이 떠오르기 시작한다. 그 후 밥알을 별도로 건져 찬물로 헹구고 식혜 물은 끓이는데, 이는 더 이상의 발효를 막기 위함이다. 끓이는 과정에서 단백질인 아밀레이스 효소는 구조가 바뀌어 효소로서의 기능이 사라진다. 만일 발효 시간이 짧으면 당도가 떨어지고 너무 길면 미생물들이 작용하여 시큼한 맛을 낼 수도 있어 적정 온도와 시간을 유지하는 것이 중요하다. 요즈음은 전기밥솥에 식혜를 만드는 코스도 있어 비교적 쉽게 만들게 되었다. 뿐만 아니라 음료수로도 시판되고 있어서 요즈음 아이들에게는 내가 느끼는 어머니의 특별한 맛이 느껴지지 않을 것 같다.

외국의 한 설문조사에 의하면 아이들에게 엄마가 특별한 이유를 물었더니 50%가 '엄마가 만들어준 음식' 때문이라고 답했다고 한다. 심리학자들에 의하면, 맛에 대한 기억은 우리가 가지고 있는 연상 기억 중에서도 가장 강력한 것이라고 말한다. 그 이유는 '조건적 미각혐오 학습'이라고 부르는 생존 전략 때문이라고 한다. 만일 어떤 음식을 먹고 식중독에 걸렸거나 탈이 난 적이 있으면 일정 기간 동안은 그 음식이나 식재료, 혹은 그 음식을 팔았던 식당을 기피했을 것이다. 인간은 이러한 '조건적 미각혐오 학습'의 강한 기억을 통해 독성이 있는 음식으로부터 자신을 보호하는 생존 전략을 발달시켜왔다.

그러나 음식에 대한 기억은 단순히 위험으로부터의 보호 차원을 넘어 보다 좋은 영양의 섭취나 행복한 삶을 살기 위한 생존 전략을 포함하고 있다. 나아가 과거 음식에 대한 기억은 단순한 사실이나 생존을 위한 필요에 머물지 않고 함께 먹었던 사람들, 상황과 감정 등이 포함된 맥락으로 남는다. 그렇기 때문에 음식이 향수를 느끼게 만들기도 한다.

어릴 때 어머니가 정성스럽게 만들어준 음식은 그 맛을 떠나 당시 어머니에게 느꼈던 모든 긍정적 감정들로 아름다운 기억이 되는 것이다. 그것은 단순히 음식이 아닌 사랑이자 치유이고 추억이다. 그래서 어머니의 음식은 시간이 빚어낸 가장 귀한 맛이다.

분자요리로
밥을 짓다

쌀의 양을 재는 방법은 무게를 달아볼 수도 있고, 옛날처럼 되나 말로 부피를 재는 방법도 있다. 또 쌀알을 하나하나 세어볼 수도 있다. 어떤 물질의 양을 재는 방법도 마찬가지다. 하지만 물질을 이루는 원자나 분자는 크기가 너무 작고 숫자가 많아 되나 말처럼 묶음으로 세는 것이 편리하다. 이렇게 물질의 양을 말할 때 쓰는 묶음 단위를 '몰(mol)'이라고 한다.

모든 물질 1 몰 속에는 원자나 분자들이 같은 수만큼 들어 있다. 즉 탄소 12 g이나 설탕 342.3 g은 각기 1몰이기 때문에 그 안에는 동일한 수의 탄소 원자와 설탕 분자가 들어 있다. 이 수를 '아보가드로수'라고 부르며 약 602,200,000,000,000,000,000,000이다. 만일 길이가 0.3 mm인 고운 설탕 알갱이를 설탕 1 몰 속에 들어 있는 설탕 분자 수 만큼 길이 방향으로 일렬로 늘어놓으면 지구를 4.5조 바퀴 정도를 돌 수 있으며, 태양과 태양계의 끝 행성인 해왕성까지 4,200억 번 정도 왕복할 수 있는 거리가 된다.

과학과 요리의 만남

우리가 먹는 음식 속에는 다양한 종류의 수많은 분자들이 포함되어 있다. 간을 맞추기 위해 넣는 소금 속에도 수많은 분자들이 들어 있다. 예를 들어 '소금 1티스푼'이라고 레시피에 적혀 있다면, 소금 5 g 정도를 뜻하며 이는 소금 0.086 몰에 해당한다. 그리고 이는 소금 분자가 51,500,000,000,000,000,000,000개 들어 있다는 의미이기도 하다.

음식 속에 있는 다양한 분자들의 조합을 기존의 방법과는 다르게 분석하고 조합함으로써 지금까지는 경험해보지 못한 맛을 만들어낼 수 있다. 20세기 말부터 몇몇 물리학자들이 혁신적인 요리사들과 이러한 시도를 시작하면서 주방이 실험실로 재탄생하기도 했다. 그러면서 '분자요리(molecular gastronomy)'라는 말이 탄생했다. 영국 옥스포드대학의 두 물리학자인 니콜라스 쿠르티와 에르베 티스가 1988년 처음으로 분자요리라는 말을 만들어냈는데, 이는 '조리 중 나타나는 물리 및 화학적 과정을 연구하는 과학적 체계'를 의미한다. 이 외에도 분자요리에는 사회적 욕소와 예술적 요소도 포함된다. 이러한 면에서 분자요리는 식품의 생산 과정이나 영양, 식품 안전 등에 초점이 맞춰진 식품공학과는 구별된다. 분자요리에서는 열전달 과정, 음식과 액체의 반응, 향의 안정성, 용해도 등의 물리 화학적 지식을 이해하고 요리에 접목시킴으로써 지금까지 느낄 수 없었던 새로운 맛을 만들기 위해 다양한 시도를 한다.

분자요리를 이해하기 위해, 입안에서 톡 터지는 '사과 맛이 나는 캐비어'를 만드는 과정을 살펴보기로 하자. 바로 생물학 연구실에서 세포를 캡슐 안에 담거나 배양하기 위한 젤 형태의 배지를 만들 때 사용하던 기술을 그대로 사용한다. 먼저 염화칼슘과 사과 주스를 섞어준다. 그리고 다시마나 해초에 많이 들어 있는 알긴산을 물에 섞어 거품이 없어지도록 밤새 놓아둔다. 그 후 염화칼슘과 사과 주스의 혼합물을 알긴산이 녹아 있는 물에 스포이트를 이용해 방울방울 떨어뜨린다. 그러면 떨어진 방울은 캐비어처럼 공 모양의 젤 상태로 변한다. 바로 알긴산칼슘이 만들어지면서 폴리머 형태의 구가 만들어지기 때문이다.

분자요리의 목표 중 하나는 기존의 요리에서 신화처럼 생각되는 정설을 뒤집어 새로운 요리법을 만드는 것이다. 예를 들어 파스타를 삶을 때 서로 달라붙지 않도록 하는 전통적인 방법은 끓는 물에 기름을 넣고 면을 삶는 것이다. 하지만 효과가 있을까? 기름과 물은 섞이지 않기 때문에 기름은 물 표면에만 떠 있게 되고 파스타 면이 있는 냄비 아랫부분에는 영향을 못 미치기 때문에 뭉치는 것을 막을 수 없다. 하지만 분자요리를 아는 사람은 기름 대신 식초나 레몬즙 같은 신맛의 액체를 한 테이블스푼 정도 넣어주는 것이 더 효과적이라는 것을 안다. 산이 전분의 분해를 방해해 국수의 끈적임을 막아주기 때문이다.

과학자가 된 요리사

1997년 '미슐랭 가이드' 최고 등급인 별 세 개를 받고, 2006년부터 4년 연속 세계 최고의 레스토랑 1위에 선정된 스페인의 한 레스토랑이 있다. 전위적인 셰프 페란 아드리아가 일했던 '엘부이(El Bulli)'라는 식당이다. 그가 이 식당에서 선보인 유명한 새로운 조리법은 식자재를 거품으로 만드는 '에스푸마(espuma)' 기법이었다. 아산화질소가 충전된 소다 제조기에 식재료를 넣고 공기의 힘으로 밀어내면 거품으로 변하는데 이 방법을 통해 그는 완두콩이나 허브를 거품으로 만들어 요리에 올려놓았다. 같은 재료이지만 이전과는 전혀 다른 식감으로 바꿈으로써 새로운 맛을 만들어냈다. 엘부이에서 웰컴드링크로 제공하였던 '진피즈(gin fizz)'도 특별했다. 일반적으로 진피즈는 드라이진에 레몬 주스를 넣고 소다수를 첨가하여 만드는데, 이 식당에서는 잔의 아래 부분에는 프로즌 진피즈를 담고 위에는 같은 맛을 거품 형태의 에스푸마로 만들어 올린 것이다. 페란 아드리아가 추구한 요리는 기존 요리에 대한 고정관념을 깨뜨리고 요리의 각 요소를 달리 조합함으로써 새로운 가능성을 제시했다. 바로 요리에 포스트모더니즘을 처음 도입한 사람이라고 할 수 있다.

과학에 정통한 세계적인 요리사 중에는 영국의 헤스톤 블루멘탈도 있다. 그는 '팻덕(The Fat Duck)'이라는 레스토랑의 셰프다. 이 식당 역시 미슐랭 가이드 별 세 개를 받았으며, 2004년 세계 최고의 레스토랑 1위에 선정되었다. 그는 새로운 요리를 개발하는 곳을 '실험실'이라 부르고 과학자들과 협력하는 등 과학을 요리에 접목하려 노력했다. 이 식당의 대표적인 메뉴 중 하나는 '바다의 소리(Sound of the Sea)'다. 이 요리를 주문하면 굴, 대합, 홍합, 해조류 등을 주재료로 만든 해산물 요리와 함께 아이팟(ipod)이 제공된다. 이 음식을 주문한 사람들은 아이팟으로 바다 소리를 들으며 해산물을 먹는 특별한 요리다. 음식은 혀로만 맛을 느끼는 게 아니라 시각과 청각 같은 오감을 통해 더 깊은 맛을 느낄 수 있다는 과학적인 배경이 깔려 있는 '다감각 요리'다.

오래 먹어도 질리지 않는 밥의 비밀

우리의 주식은 쌀밥이다. 요즈음 건강을 생각해 다양한 잡곡이 섞인 밥을 선호하지만, 그래도 기본은 쌀로 만든 밥일 것이다. 밥 대신 엘부이나 팻덕의 기막힌 요리를 매일 먹는다면 어떨까? 처음 얼마간은 즐길 수 있겠지만 아마 오래 가지 않아 질리고 말 것이다. 하지만 매일 먹는 밥은 질리지 않는다. 왜 그럴까?

여러 가지 설명이 가능하다. 밥과 함께 먹는 반찬이 매일 다르기 때문일 수도 있다. 하지만 한의학에서는 쌀이 차지도 뜨겁지도 않은, 중간 성질이기 때문이라고 설명한다.

이제 조금 더 과학적인 분석을 해보기로 하자. 밥알의 어느 부분이 맛을 결정하는 데 가장 중요한 역할을 할까? 밥맛을 연구한 사람들에 의하면, 밥맛의 70%는 끈기와 단단함 같은 물리적 질감으로부터 오고, 윤기나 냄새, 단맛, 감칠맛 등 눈과 혀로 느낄 수 있는 부분이 밥맛의 30% 정도를 좌우한다고 한다. 밥이나 빵 같은 주식은 함께 먹는 반찬들과 달리 맛이 약하고 향기가 없어야 물리지 않는다. 쌀밥은 바로 이러한 음식이다.

요즈음 마트에 가보면 다양한 품종의 쌀들이 있다. 품종과 산지에 따라 가격도 큰 차이를 보인다. 그런데 같은 품종이면 같은 맛일까? 그렇지 않다. 산지에 따라 맛이 다르고 심지어 같은 벼에서 자란 쌀알 하나하나가 미세하게 다르다. 벼 위쪽에 달린 쌀알의 단백질 함량은 뿌리에 가까운 쪽에 달린 쌀알보다 높다. 그 변동 폭이 제법 커서 8~15%나 된다. 이 밖에도 밥의 끈기를 결정하는 아밀로오스와 아밀로펙틴의 함량이나 미네랄 함량 역시 쌀알마다 다 달라 밥알마다 점성과 탄성이 제각각이다. 그러므로 우리가 먹는 밥 한 공기 속에 있는 밥알은 맛이 서로 미묘하게 다르며, 매일 먹는 밥 역시 매일 미묘하게 조금씩 맛이 달라진다고 할 수 있다.

미래의 밥, 분자요리 쿠커

쌀은 여러 층의 껍질을 가지고 있다. 현미는 겉껍질만을 벗겨낸 것인데, 백미는 이 현미를 정미해서 갈색의 쌀겨층과 배아를 제거하여 흰색의 배유 부분만 남긴 것이다. 배유부의 주성분은 녹말인데 바로 녹말이 가열 과정에서 변화하여 우리가 즐기는 특유의 질감을 만들어낸다. 녹말은 아밀로오스와 아밀로펙틴이라는 두 가지의 분자로 이루어져 있다. 쌀을 조리하는 과정에는 녹말의 분자 구조가 변화되면서 호화(糊化, gelatinization)와 노화(老化, retrogradation)라는 두 가지의 중요한 과정을 거친다. 쌀에 물을 붓고 열을 가하면 쌀의 전분 속으로 물과 열이 침투하여 분자 구조가 파괴된다. 호화 과정을 거치면서 전분은 맛이 좋아지고 소화가 잘되는 상태로 변한다. 이 과정에서는 포도당이 나무의 잔가지처럼 서로 연결되어 있는 아밀로펙틴이 중요한 역할을 한다. 그런데 호화된 녹말은 온도가 내려가면 아밀로스가 다시 반결정 상태로 돌아가면서 딱딱해지기 시작한다. 이를 '노화'라고 한다. 쌀밥을 조리하는 과정은 이 두 가지 반응이 수반되기 때문에 쌀 속에 있는 아밀로오스와 아밀로펙틴의 비율에 따라 밥의 점성과 맛이 달라진다.

우리가 주식으로 먹는 맵쌀은 쌀알이 동그스름한 자포니카 종으로 아밀로오스 함량이 16~20% 정도이고 아밀로펙틴의 함량은 80~84%다. 한편 안남미라고도 불리는 동남아시아 등지에서 재배되는 인디카 종은 아밀로오스 함량이 20%를 넘는다. 아밀로오스 함량이 적고 아밀로펙틴의 함량이 많을수록 쌀은 끈기가 강해진다. 찹쌀의 경우 대부분 아밀로펙틴으로 이루어져 있어 밥을 하거나 떡을 만들었을 때 끈기가 강하고 노화가 잘 일어나지 않는다. 그래서 오래 두어도 굳지 않는다.

단백질의 함량에 따라서도 밥맛이 달라진다. 일반적으로 단백질 함량이 낮을수록 밥맛이 좋고, 반대로 단백질 함량이 높을수록 밥맛이 떨어진다.

그렇다면 쌀알 하나하나를 분석해서 거의 동일한 성분의 쌀들로만 밥을 지으면 어떨까? 아마 균일한 느낌의 맛을 느끼겠지만 곧 질리고 말 것이다. 밥이 오래 먹어도 질리지 않는 이유는 어쩌면 밥알 하나하나가 미묘한 차이를 지니고 있어서 맛의 모자이크를 만들어내기 때문일지 모른다.

미래에는 미묘하게 다른 성분의 쌀알들을 기막히게 조합해서 각자 입맛에 가장 맛있는 밥을 만들어낼 수 있을지도 모르겠다. 가까운 미래에는 그날 그날의 기분이나 몸의 상태를 고려해서 개인별 맞춤형 쌀밥을 만들어주는 라이스 분자요리 쿠커가 탄생할지도 모를 일이다.

뜨거운 음식을
바로 냉장고에

더위가 한창인 여름날엔 밖으로 나가기보다 집에서 냉장고에 시원하게 넣어둔 수박을 꺼내 갈라먹는 것도 나쁘지 않은 피서법이다. 냉장고에는 수박뿐만 아니라 더위를 식혀줄 시원한 음료수며 아이스크림도 있고, 신선한 과일과 야채, 조리된 음식과 오래 보관할 냉동식품들도 들어 있다. 우리는 하루에도 수십 번씩 냉장고의 문을 여닫으며 시원하고 신선한 먹을거리를 보관하거나 꺼내 먹지만 그 안에서 과학을 떠올리는 사람은 그리 많지 않다.

먼저 주방에서 흔히 일어나는 일에 대해 물어보자. 조리된 음식을 냉장고에 보관하려면 뜨거울 때 넣어야 할까? 아니면 식혀서 넣어야 할까? 인터넷에서는 대부분 '식혀서 넣으라'고 가르쳐준다. 우선 에너지 절약을 위해서 그렇고, 또 뜨거운 음식이 냉장고에 들어가 다른 음식물의 온도를 높이면 다른 음식을 상하게 할 수도 있다는 우려에서다. 하지만 미국 농무부에 의하면, 조리된 음식이 60 ℃까지 식기 전에 냉장고에 넣어 보관하는 게 안전하다는 의견이다. 왜냐하면 박테리아가 잘 번식하는 온도는 5 ℃에서 60 ℃이므로, 조리된 음식을 충분히 식을 때까지 방치하는 것은 식품위생상 위험하다고 경고한다. 특히 실내 온도가 27 ℃ 이상인 경우에는 위험 온도 구간에 1시간 이상을 방치하지 말라고 한다. 다시 말해 미국에서는 뜨거운 음식을 바로 냉장고에 넣는 것이 좋다고 말한다.

냉장고의 작동 원리

냉장고는 어떻게 작동하는 것일까? 이에 앞서 몇 가지 기본적인 물리 현상을 설명하기로 하자. 알코올 솜을 팔에 문지르면 알코올이 증발하면서 시원함을 느낀다. 이유는 알코올이 증발하면서 증발에 필요한 에너지(증발열)를 주변으로부터 흡수하기 때문이다. 냉장고도 이러한 액체 냉매(냉각에 사용되는 물질)의 증발을 이용해 내부의 열을 빼앗는 것이다. 냉장고에서 사용되는 또 다른 물리 현상이 있다. 상온에 있던 향수나 방향제도 스프레이 형태로 뿌리면 차갑게 느껴진다. 이는 용기 안에 높은 압력으로 담겨 있던 물질이 스프레이 밸브를 누르면 밖으로 빠져나오면서 팽창하여 순간적으로 압력이 낮아진다. 압력과 온도는 비례하므로 압력이 낮아지면서 차가워지는 것이다. 이것을 '줄-톰슨 효과'라고 하는데, 냉장고는 이런 물리법칙을 이용한다.

　냉장고 뒷부분을 열어보면 구불구불하지만 하나로 연결된 긴 파이프가 있고 그 사이에 몇 개의 중요한 부품들이 자리해 있다. 고압 액체 상태의 냉매가 팽창밸브로 유입되면 갑자기 압력이 낮아지면서 더 차가운 액체 상태가 된다. 팽창밸브는 관의 굵기가 작은 모세관 형태로 되어 있는데, 모세관 부분을 지날 때 액체의 속도가 빨라지면서 베르누이 원리에 따라 압력이 낮아진다. 압력이 낮아진 액체는 냉장실 안에 배치된 증발기라는 관을 지나면서 기화하는데, 이때 주변으로부터 기화열을 빼앗아 냉장고 안을 차갑게 만드는 것이다. 또 냉장고의 공기가 증발기 부분을 지나가도록 강제로 순환시켜서 열교환이 잘 일어나도록 한다. 증발기를 지나면서 기화된 냉매는 압축기를 지나면서 고압의 기체 상태가 되는데, 이때의 온도가 80 ℃까지 치솟는다. 이 상태의 냉매는 냉장고 뒤편 혹은 옆면에 배치되어 있는 가늘고 구불구불하게 배열된 긴 응축기를 지나면서 밖으로 열을 발산하고 다시 온도가 낮아져 다시 액체 상태로 응축된다. 열을 쉽게 발산하기 위해 응축기에는 방열판이 붙어 있다. 그래서 냉장고의 뒷면이나 옆면이 따뜻한 것이다. 응축된 냉매는 다시 팽창 밸브로 들어가는 순환 과정을 통해 냉장고의 온도를 낮추게 된다.

　가정용 냉장고의 냉매는 저온에서 증발하고 저압에서 액화하면서 증발열이 커야 한다. 또 인체에도 안전해야 하는 등 여러 가지 까다로운 조건을 만족해야 한다. 그래서 가장 많이 사용되었던 냉매가 프레온 가스, 즉 CFC(Chloro-Flouro-Carbon, 염화불화탄소)다. 하지만 CFC는 지구 대기의 오존층을 파괴하는 물질로 밝혀져 1987년 몬트리올의정서에 의해 사용이 금지되었다. 현재는 염소 성분이 없는 HFC-134a(Hydro-Fluro-Carbon 134a)를 사용하고 있다. 대기압하에서 CFC와 HFC-134a의 끓는 온도는 각각 영하 29.8 ℃와 영하 26.1 ℃이다.

냉장고의 과학적 활용법

냉동실에 물병을 넣어 얼려본 사람이라면 누구나 물을 가득 채우면 안 된다는 사실을 잘 알 것이다. 물이 얼면 부피가 팽창하기 때문에 가득 채우면 물병이 불룩해지고 심하면 깨지고 만다. 하지만 다른 액체들은 고체로 변할 때 일반적으로 부피가 감소한다. 다른 액체들과 달리 물의 부피가 팽창하는 것은 물 분자의 구조 때문이다. 물도 일반적인 액체들과 마찬가지로 냉각되면 분자 운동이 느려지면서 4 ℃까지는 부피가 감소한다. 그러나 온도가 더 내려가면 다시 부피가 커지면서 어는 온도에서는 약 9% 정도 팽창한 상태로 얼음이 된다. 물은 산소 원자 하나와 수소 원자 두 개로 된 분자들로 이루어져 있는데, 물 분자끼리는 수소 결합에 의해 비교적 약하게 연결되어 있다. 그런데 온도가 내려가 얼음이 되면 수소 결합이 더 강해져 액체일 때보다 더 열린 네트워크 구조를 만들어 부피가 증가한다. 그래서 얼음의 밀도가 물의 밀도보다 작아져 얼음이 물에 뜨는 것이다. 얼음의 구조도 여러 가지이고 물이 얼면서 팽창하여 주위에 가하는 힘을 계산하기는 대단히 복잡하지만, 대략적으로 수백 메가파스칼(MPa)에 해당하는 힘이라고 한다. 이는 수천 기압에 해당한다. 그렇기 때문에 물이 얼면서 바위를 깨트리기도 하고 금속으로 만든 수도관을 파열시키기도 하는 것이다.

이제는 냉장고에 음식을 보관할 때 주의해야 할 몇 가지 사항을 소개하기로 한다. 먼저 냉장고 내부는 찬 냉매가 흐르는 증발기에 습기가 응축되기 때문에 항상 건조하다. 요즘에는 습도조절 장치가 있는 냉장고도 많아졌지만 음식을 보관할 때에는 덮개를 하는 것이 좋다. 또 냉장고 안에서는 세균 증식이 느려진다. 그래서 음식을 오래 보관할 수는 있지만, 세균을 죽이지는 못하기 때문에 너무 오래 보관하면 음식이 변질되거나 상할 수도 있다. 또 냉장을 하면 좋지 않은 식품도 있다. 감자는 냉장을 하면 전분이 당으로 변한다. 그래서 냉장고에 보관한 감자로 요리를 하면 원래의 감자 맛이 사라진다고 한다. 토마토 역시 냉장고에 보관하면 안 좋은 식품이다. 토마토에 있는 리놀렌산이 Z-3 헥세널(Z-3 hexenel)이라는 물질로 변해서 토마토 고유의 향과 맛을 내는데,

냉장을 하면 이 과정이 일어나지 않아 토마토 특유의 맛을 느낄 수 없다고 한다. 양파 역시 냉장 보관하면 양파 안에 있는 효소가 발효를 하지 못하여 원래의 상태를 유지하지 못한다.

무지개의 맛,
눈으로 맛보는 풍미

'보기 좋은 떡이 먹기도 좋다'라는 속담이 있다. 이 속담은 과학적으로도 옳을까? 우리가 사물을 보기 위해서는 빛이 있어야 한다. 음식에 비추어진 빛은 반사되어 눈에 들어오고 시신경을 통해 뇌로 보내져 우리가 명암과 색을 인식하는 것이다. 이때 일부 파장의 빛은 흡수되고 음식의 고유한 색에 해당하는 파장의 빛이 반사되어 우리가 색을 인식하게 해준다. 예를 들어 녹색의 야채는 붉은 계열의 빛은 흡수하고 초록 계열의 빛을 반사한다.

빛과 관련된 국제단위계의 기본 단위는 '칸델라(cd, candela)'로 빛의 밝기를 나타내는 단위다. 사람들이 가장 민감하게 반응하는 녹색 계열을 기준으로 주어진 방향에서 빛이 얼마나 밝은지를 나타내는 척도다. 칸델라는 라틴어로 양초를 뜻하는데 일반적인 촛불 하나가 대략적으로 1 cd 정도의 빛을 낸다.

혀보다 먼저 눈으로 느끼는 맛

신경학자인 올리버 색스가 쓴 책 《화성의 인류학자》에는 신경 질환을 가진 일곱 명의 인물이 등장한다. 그중 한 명은 교통사고로 색맹이 된 화가 '미스터 아이(I)'다. 그는 물건의 색을 기억하지만 이제는 실제 색을 볼 수 없다. 예를 들어, 그의 기억 속 토마토 주스는 빨간색이지만 이제는 검정색으로 보인다. 그래서 눈을 감고 잘 익은 붉은 토마토를 한 입 깨무는 상상을 하며 주스를 마셔보지만 이제는 검정색으로 변해버린 토마토를 지울 수가 없다. 문제는 토마토 주스만이 아니라는 것이다. 탐스러운 주황색의 오렌지나 노란 바나나의 경우도 기억 속에 있는 음식의 색과 눈에 보이는 음식의 색이 달라 아무리 원래의 색으로 떠올리려 해도 검정이나 흰색으로만 보여 입맛을 잃게 만든다. 결국 그는 기억속의 색과 자신이 보는 색이 일치하는 검정색과 흰색의 음식만 먹기로 한다. 그래서 그는 딸기 요구르트 대신 플레인 요구르트를, 녹색의 올리브 대신 검정색 올리브만 먹게 되었다.

실제로 신경과학자들과 신경미식학을 연구하는 사람들은 다양한 실험과 연구를 통해 눈으로 느끼는 음식의 색이 맛에 생각보다 매우 큰 영향을 키친다고 말한다. 몇 가지 재미있는 실험을 살펴보기로 하자. 먼저 눈을 가리고 오렌지맛이 나는 음료를 마시게 한 후 오렌지맛이 느껴지는지를 물었더니, 실험 참가자의

20%만이 '그렇다'고 답했다. 그런데 동일한 음료를 눈으로 확인한 후 마시게 하자 모든 사람들이 오렌지맛을 느꼈다고 답했다. 더욱이 라임맛이 나는 음료를 오렌지색으로 만들어 마신 후 오렌지맛이 나는지를 묻자 50%가 '그렇다'고 답했다. 하지만 같은 맛의 음료가 라임의 원래 색인 녹색으로 보일 경우, 아무도 오렌지맛을 느끼지 못했다.

2001년 포도주 산지로 유명한 보르도대학에서 포도주학을 공부하는 54명의 학생들이 포도주 시음을 하게 되었다. 처음에는 카베르네 소비뇽과 메를로 포도로 만들어진 보르도 AOC 적포도주, 세미용과 쇼비뇽으로 만든 백포도주를 각각 시음한 후 맛을 적어내게 했다. 그 후 동일한 백포도주에 냄새와 맛이 없는 포도의 안토시안 물감을 넣어 붉게 채색한 포도주를 시음하도록 했다. 먼저 눈을 가리고 마셨을 때에는 달콤한 꿀 향, 레몬 향, 리치 향 및 밀짚 향 등 백도주의 전형적인 향이 난다고 말했다. 하지만 붉게 채색된 동일한 맛의 백포도주를 눈으로 보고 마신 후에는 치커리 향, 석탄 향, 자두 향, 초콜릿 및 담배 향 등 전형적인 적포도주의 향과 맛이 난다고 말했다. 그 후 영국 옥스포드대학의 심리학자 찰스 스펜스가 스페인의 유명한 와인 시음가들을 대상으로 동일한 실험을 진행했다. 전문가들은 붉게 채색된 백포도주가 담긴 잔을 들어 눈으로 음미하고 시음한 후, 한동안 고민하는 듯했다. 하지만 그들이 고민한 건 적포주인지 백포도주인지가 아니

라 음미한 적포도주의 맛에 숨어 있다고 생각하는 붉은 베리의
맛이 라즈베리인지 딸기인지를 구별하려는 고뇌였다고 한다.

왜 이런 일이?

스펜스는 우리의 뇌에서 시각과 연관되는 부위가 전체의 반을
차지하는 반면, 맛을 느끼는 부위는 단지 2% 정도밖에 안된다고
말한다. 그러므로 우리의 뇌는 음식에 대한 경험을 정리하고 예
측하는 데 음식의 색과 같은 시각 정보에 크게 의존하게 된다. 하
지만 이러한 시각 정보가 단순히 바로 맛에 영향을 주기보다는
여러 경로를 통해 수집된 정보들과 합해지면서 새로운 경험으로
축적된 후 맛을 느끼는 데 관여한다. 만일 우리가 잘 익은 붉은 토
마토를 집어들면 우리가 한 입 베어 물기 전에 이미 뇌에서는 잘
익은 붉은 토마토에 대한 과거의 경험으로 만들어진 카탈로그가
펼쳐지고 맛보게 될 토마토에 대한 기대치를 설정한다. 그런데
만일 맛을 본 토마토가 혀에서 기대보다 덜 달다면 우리 뇌는 원
하지 않는 정보를 차단해서 기대치와의 차이를 보완하려고 한다.
즉 무의식 수준에서 실제로는 존재하지 않는 단맛이 존재하는 것
처럼 간주되는 것이다.

같은 맥락에서 만일 오렌지색의 체리맛 음료를 마실 경우, 우
리의 뇌는 눈으로부터 연동된 오렌지맛 음료의 경험이 작동함으

로써 혀로부터 오
는 체리맛의 정보
를 차단하고 우리
의 경험상 색 정보
와 일치하는 오렌지맛을
느끼게 된다.

펩시가 출시한 투명한 콜라 '크리스탈 펩시', 밀러사가
개발한 투명한 맥주, 버거킹이 만든 검정색 버거 등이 미국
시장에서 실패한 이유도 바로 음식이나 음료의 색이 일반적인 사
람들의 경험으로부터 오는 기대와 일치하지 않아서 실제와 다른
부정적인 맛으로 느껴지기 때문이다. 하늘색 사과나 푸른색 스테
이크를 상상해보라. 생각만 해도 식욕이 떨어지는 것을 알 수 있
다. 하지만 동일한 음료나 음식도 때로는 문화에 따라 다르게 받
아들여진다. 일본에서는 검은색 버거가 인기를 끌었고, 맑고 투
명한 맥주도 좋은 반응을 얻었다고 한다.

보이는 것은 맛에 영향을 미친다

음식의 맛에 영향을 미치는 시각 정보는 음식 자체의 색뿐만
아니라 담겨 있는 그릇의 색이나 모양, 사용하는 식기와 음식을
먹는 장소의 조명 등도 포함된다. 연구에 의하면 동일한 딸기 무

스 케이크도 흰색의 둥근 접시에 담겨 있을 때가 검은 사각 접시에 담겨 있을 때보다 15% 정도 더 진한 맛을 느끼게 한다. 같은 연구팀에 의하면 카페라테의 경우 흰색의 컵으로 마실 때가 투명한 컵으로 마실 때보다 현저하게 강한 커피 맛을 느낄 수 있다. 반면 투명한 컵은 더 달콤하게 느끼게 했다고 한다. 또 다른 연구에 의하면 갈색의 잔에 담긴 커피는 더 강한 맛과 향기를 느끼게 하고, 붉은 색 잔은 약한 맛으로 느끼게 만들며, 파란 색 잔은 부드러운 커피 맛을 느끼게 해준다.

레몬-라임 맛의 무카페인 세븐업도 캔 포장에 노란색이 더 많을수록 레몬-라임 맛을 더 강하게 느끼게 되며, 파란 컵에 따라 마시면 더 상큼한 맛을, 분홍 컵에 따라 마시면 더 달콤한 맛을 느끼게 된다. 핫초콜릿의 경우 어두운 크림색 컵이 오렌지나 붉은색, 혹은 흰색 컵보다 달콤하고 진한 향기를 느끼게 한다.

옥스포드대학 연구팀에 의하면, 동일한 치즈를 나이프와 수저, 포크, 이쑤시개 위에 올려놓고 먹어보게 했을 때 나이프 위에 있는 치즈를 가장 짜게 느꼈다고 한다. 또 흰색 수저로 떠먹는 흰 요구르트가 검은색 수저로 먹을 때보다 맛있게 느껴지며, 가벼운 수저로 요구르트를 먹을 때가 무거운 수저로 먹을 때보다 더 비싸고 진한 느낌을 가지게 된다고 한다.

조명 또한 맛에 많은 영향을 미친다. 붉은 조명 아래서 와인을 마시면 더 달콤한 맛을 즐길 수 있다. 실험에 의하면, 붉은 조명은 푸른 빛이나 백색 조명에 비해 와인 맛이 50%나 더 달콤하게 만든다. 이는 붉은 조명에서 와인이 더 어둡고 진하게 느껴져 와인 맛에 대한 기대치를 상승시키기 때문이다. 한편 푸른색 조명은 일반적으로 식욕을 감퇴시킨다.

코넬대학의 음식과 뇌 연구실에 의하면, 밝은 조명의 방과 어두운 조명의 방에서 식사를 한 사람들 사이에는 주문한 식단에 차이가 있다고 한다. 어두운 방에서 식사를 한 사람들이 주문한 식단은 튀긴 음식 등 칼로리가 평균적으로 39%나 높은 음식이었으며, 식단은 덜 건강한 음식 쪽으로 기울어져 있었다. 반면 밝은 조명의 방에서 식사를 한 사람들은 닭이나 오리 등 흰살 고기류나 구운 생선, 야채 등 보다 건강한 요리를 주문했다. 연구자들은 그 이유로 어두운 방에서는 각성 정도가 떨어져 건강한 음식을 선택해야 한다는 생각이 덜 들기 때문이라고 말한다. 그 증거로 어두운 방에서 식사를 한 사람들에게 카페인이 들어 있다고 속인 가짜약(플라세보)을 주거나 주의를 환기시키면 밝은 방에서 식사한 사람들과 같이 보다 건강한 식단의 선택을 했다고 한다.

무지개를 맛으로 느끼는 사람들

누군가 무지개를 보면서 맛을 느낀다고 하면 많은 사람들은 농담하지 말라고 할 것이다. 하지만 조스린 코비스라는 사람은 글씨와 소리, 색으로부터 맛을 느낀다고 한다. 예를 들어 열대 바다의 푸른빛은 푸른 주스의 맛을, 연한 파랑과 노랑이 섞인 색은 마카로니나 치즈의 맛을 느끼게 한다. 이렇게 시각 자극을 통해 실제로는 존재하지 않는 맛을 느끼거나, 소리를 느끼는 등 두 개 이상의 감각이 동시에 연동되어 느껴지는 현상을 '공감각(synesthesia)'이라고 한다. 연구에 의하면 사람들은 23명 중 1명 꼴로 공감각을 지니고 있다고 한다. 이러한 공감각 소유자들은 본인이 의식하지 않은 상태에서 이러한 느낌을 느끼며 같은 자극에는 늘 같은 반응이 나타낸다. 하지만 그 반응은 모두 제각각이다. 공감각의 종류도 다양하여 특정한 숫자나 글씨가 특정한 색으로 보이는 경우가 있는가 하면, 글씨를 보거나 단어를 들으면 특정한 맛을 느끼는 경우도 있다. 대략 150여 가지의 다양한 형태가 있다고 한다.

영국의 예술가이자 작가인 제임스 와너튼(James Wannerton)은 단어를 맛으로 느끼는 공감각을 지니고 있다. 그는 런던지하철 지도를 자신이 느끼는 맛으로 바꾸어 표기한 맛 지도로 만들었다. 와너튼은 베이커 스트리트(Baker Street)역을 약간 탄 잼스

폰지 케이크처럼 겉은 딱딱하면서도 부드러운 맛, 킹스 크로스(King's Cross)역은 아몬드 조각이 없는 촉촉한 던디 케이크의 맛, 본드 스트리트(Bond Street)역은 헤어 스프레이나 금속 느낌의 약간 쓴맛이 난다고 했다.

어떻게 이런 것이 가능할까? 공감각을 설명하기 위한 몇 가지 이론이 있는데 그중 하나는 '교차 활성화 이론'이다. 우리의 뇌에서는 시각, 청각, 후각 등 여러 감각들이 각기 다른 영역에서 처리된 후 필요에 따라 통합된다. 하지만 공감각을 가지고 있는 사람의 뇌에서는 하나의 자극이 다른 자극을 느끼는 영역을 동시에 활성화시킨다.

최근 영국 런던이나 미국의 캘리포니아에서는 음식을 접시 대신 우묵한 주발(볼)에 담아 제공하는 식당이 많아졌다고 한다. 같은 음식을 주발에 담아 먹을 때 더 맛있게 느끼는 사람들이 많아졌기 때문이다. 우묵한 주발에 가득 담긴 음식은 접시에 있을 때보다 푸짐하게 느껴지고, 따뜻한 음식의 경우 주발을 손으로 감싸면 분위기를 더 따뜻하게 만들어 사람들의 만족도와 음식의 가치를 높여 맛에도 영향을 주게 된다는 분석이다. 이제 사람들은 '무엇을 먹을까?'보다 '어떻게 먹을까?'에 더 관심을 가지고 있으며 눈으로 맛을 느끼는 시대에 접어든 것이다.

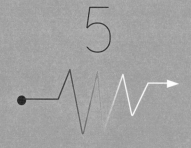

5

상큼한 과일과 야채가
들려주는 과학

달콤하고 맛있게만 생각하며 즐겨 먹는 과일이지만
그 안에는 오랜 시간 동안 식물들이 면밀한 설계를 통해 발전시킨 생존 전략이 녹아 있다.
또 씨를 퍼뜨려줄 동물들과의 공존을 위한 소통의 기술도 담겨 있다.

색으로 말하는 맛,
과일의 변신

붉게 익은 사과나 자두, 노랗게 익은 밀감과 살구, 까맣게 익은 포도나 복분자를 보면, 그 맛을 상상하면서 입에 침이 고이는 것을 느낄 수 있다. 그렇다면 과일들은 왜, 그리고 어떻게 우리의 눈을 사로잡는 다양한 색을 가지게 된 것일까?

과일이 익어갈 때

과일이 처음부터 눈을 사로잡는 아름다운 색을 지니고 있는 것은 아니다. 대부분의 과일이 익지 않았을 때에는 녹색 빛을 띠고 있다. 녹색의 잎에 가려져 잘 보이지 않을 뿐만 아니라 과육은 딱딱하고 맛도 시거나 떫어서 도저히 먹을 수 없는 경우가 대부분이다. 하지만 익어가면서 먹음직스러운 색과 향이 나타나는데 왜 그럴까? 나무에게 과일이 어떤 존재인지 잠시 생각해보면 쉽게 그 답을 알 수 있을 것이다. 과일은 단순히 사람이나 동물들을 위한 선물이 아니다. 사실 과일은 씨앗을 널리 퍼뜨리기 위한 유인책이라고 할 수 있다.

꽃이 지고 열매가 맺히면 이 아기 열매는 식물로부터 수분과 영양 성분을 공급받으며 과육을 발달시키고 그 안에 있는 씨를 키우게 된다. 씨가 완전히 성숙할 때까지 열매는 열매를 노리는 포식자들의 관심을 돌릴 필요가 있다. 그래서 눈에 잘 띄지 않게 익기 전까지 녹색으로 위장을 하거나 딱딱하고 맛이 없게 한다. 하지만 씨가 충분히 성숙하면 사정이 달라진다. 이제는 과일을 기다리는 많은 새나 동물들을 유혹하여 과일을 먹고 씨를 여러 형태로 퍼뜨리도록 해야 한다. 딱딱하던 과육은 부드러워지고, 당도가 높아지면서 달콤한 향기를 내고 시선을 끌도록 색을 붉고 검게 변화시킨다. 이러한 현상은 엽록소(chlorophyll) 내 녹색 색소가 분해되면서 붉은색이나 보라색, 파란색을 띠는 안토시아닌(anthocyanin)으로, 혹은 밝은 적색이나 노랑색, 오렌지색 계열의 카로티노이드(carotenoid)로 변하기 때문이다.

단단하던 과일이 말랑말랑해지는 이유는 과육의 세포벽이 변하기 때문이다. 과일의 세포는 단단한 다당류의 세포벽으로 둘러쌓여 있는데, 과일이 충분히 익으면 효소가 분비되어 세포벽의 다당류가 분해되기 때문이다. 과일이 말랑말랑해지는 또 다른 이유는 세포 원형질막 속에 있는 액체의 압력(팽압, turgor pressure) 변화다. 이 팽압은 과일을 탱글탱글하게 만들어준다. 하지만 완전히 익거나 수확을 한 뒤에는 과일이 점차 수분을 잃게 된다. 그러면서 자연스럽게 팽압도 낮아져 조금씩 탱탱함을 잃어간다. 그래서 막 익은 홍시는 금방 불어놓은 풍선처럼 탱탱하지만 시간이 지날수록 쭈그러드는 것이다. 딸기의 경우, 수분을 6~10% 정도 잃으면 상품가치를 잃는다.

그렇다면 익으면서 만들어지는 달콤한 맛은 어디에서 오는 것일까? 과일이 익으면 과일 내부에 있던 전분이 분해되어 단맛을 내는 자당(sucrose)과 포도당(glucose), 과당(fructose) 등의 단당류가 증가하기 때문이다. 또한 신맛을 내는 성분도 줄어들고 쓴맛을 내는 알카로이드 같은 물질도 줄어든다. 이러한 맛의 변화와 함께 향 물질이 만들어져 주변으로 퍼져나간다. 이제 새나 동물들에게 열매를 수확하고 씨를 운반해주기를 적극적으로 홍보할 때가 된 것이다.

누구를 위해 과일의 색은 변하는가

식물학자들은 서로 밀접한 관련이 있는 식물들끼리도 과일이 왜 이렇게 서로 다른 모양을 하고 있는지, 또 어떻게 동물들은 어떤 과일을 먹어야 하는지를 아는지에 관해서 한 세기 넘게 궁금

증을 가져왔다. 이러한 궁금증을 설명하기 위한 것으로 가장 잘 알려진 가정은 씨를 운반해주는 동물들이 과일의 모양, 열매가 달리는 위치, 향과 색에 영향을 주었을 것이라는, 자연선택에 따른 가정이다. 즉 식물들은 주로 씨를 운반해줄 동물의 기호에 따라 색과 향기, 과일이 달리는 위치까지 변화시켜왔다는 것이다. 하지만 이러한 가정의 타당성을 입증하기 위한 그동안의 실험 결과는 그리 만족스럽지 못했다. 이유는 이러한 연구들이 인간의 색에 대한 지각능력을 기준으로 진행되었기 때문이다.

우리에게 빨갛게 보이는 열매가 씨앗을 운반해주는 데 인간보다 훨씬 더 많은 기여를 하는 숲속 동물들에게도 같은 느낌일까? 결론부터 말한다면 그렇지 않다. 인간은 색을 인지하는 데 세 가지 색감지세포(원추세포)를 활용하지만, 많은 포유류 동물들은 두 개의 색감지세포만을 가지고 있다. 그런가 하면 열매를 먹고 씨앗을 운반하는 데 큰 역할을 하는 새는 네 개의 색감지세포를 가지고 있다. 즉 숲속에 사는 많은 동물이나 새들은 우리가 보는 열매의 색과 다르게 본다는 말이다. 우리 인간들에게는 검정색 계열로 보이는 열매가 자외선을 볼 수 있는 새들에게는 밝은 느낌의 다른 색으로 보인다.

연구자들은 익은 과일과 익지 않은 과일, 나뭇잎을 따서 분광계에 넣고 그것들의 색을 측정했다. 그들은 다시 씨를 운반하는 동물들의 색 인식 능력을 기반으로 만든 모델을 이용해 여러 색의 배경 중에서 과일을 누가 가장 잘 찾아내는지도 확인했다. 그들은 과일의 색은 자연의 배경색에 대비를 이루어 그 열매의 씨를 주로 운반해주는 동물의 색감지세포에 가장 잘 보이도록 되어 있다는 것을 알아냈다.

우간다에는 초록색의 송이 속 붉은 베리처럼 대체적으로 잎과 대비를 이루며 붉은색과 초록색의 스펙트럼을 가진 식물들이 많았다. 새나 이 지역에 사는 원숭이를 겨냥한 계산이라 할 수 있다. 이곳에 서식하는 원숭이들은 사람처럼 3색의 색 감지 세포를 가지고 있다. 하지만 마다가스카르 섬은 상황이 달랐다. 이곳의 과일들은 파랑과 노랑의 대비를 이루고 있었다. 노란색의 베리가 이곳에 사는 적-녹 색맹인 여우원숭이들에게 가장 눈에 잘 띄기 때문이다. 여우원숭이들은 두 개의 색감지세포만을 가지고 있다.

새는 인간이나 원숭이보다 색을 식별하는 능력이 뛰어나다. 붉은 색을 좋아하는 새들이 비교적 많지만 종에 따라 편차가 많아서, 새들이 좋아하는 색에 맞춰 과일의 색이 진화했다고 말하기는 근거가 부족하다는 의견이 많다. 오히려 새는 색깔보다 맛으로 과일이나 열매를 선택한다는 연구 결과도 있다. 즉 붉은 색을 내는 안토시아닌은 항산화제 성분을 포함하고 있다는 의미이며 이 성분을 섭취하기 위해 붉은 열매를 먹게 되었다는 것이다. 새들은 시행착오를 거치거나 사회적 학습을 통해 그들이 좋아하는 열매나 과일을 알게 되었을 것으로 추측하고 있다.

하지만 과일의 색은 단지 이처럼 씨를 운반하는 동물들만을 위한 것이 아니다. 열매가 곰팡이 등에 의해 훼손되는 것을 막기 위해서도 필요하다. 어떤 색소는 곰팡이 등이 생기지 않도록 하는 살진균제의 역할을 하기도 한다.

조금 특이한 인간의 색 인지능력

과학자들에 의하면, 인간의 색인지능력은 특이한 면이 있다고 한다. 앞서 말한 대로 사람은 세 가지 색을 감지하는 원뿔모양의 원추세포를 가지고 있다. 가시광선의 짧은 주파수 영역(파랑)을 잘 볼 수 있는 세포와 중간 주파수 영역(초록), 긴 주파 영역(빨강)을 잘 볼 수 있는 세 가지의 색 감지세포를 가지고 있다. 이러한 색 감지 세포는 물체로부터 반사된 다양한 주파수의 빛에 반응하는데, 세 가지 세포들의 상대적 감응 정도를 비교해서 색을 인식하게 된다. 예를 들어 푸른 계열의 색은 파란색 감지세포에서 가장 많은 신호를 뇌에 보내게 되고 초록색과 빨강색 감지세포에서는 미미한 신호만 보낸다. 그러므로 많은 색을 잘 구분하기 위해서는 이 세 가지 세포가 민감하게 반응하는 주파수 영역, 즉 낮은 주파수와 중간 주파수, 높은 주파수 영역이 잘 나뉘어 있는 것이다. 꿀벌의 경우에는 각각의 주파수에 고루 분포하고 있어 많은 색을 잘 구별할 수 있다. 디지털 카메라의 화상 소자도 이처럼 세 가지 소자의 민감 영역이 등간격으로 분포하고 있다. 하지만 사람들은 중간 영역의 초록색을 담당하는 원추세포와 긴 영역의 빨강색을 담당하는 원추세포의 반응 곡선이 아주 가깝게 분포하고 있다. 그래서 인간은 빨강과 초록을 아주 민감하게 구별해낼 수 있지만, 벌처럼 모든 영역에서 많은 색을 구별해내는 능력은 가지고 있지 못하다.

그렇다면 인간은 왜 이처럼 특이한 색인지능력을 발달시켜왔을까? 이에 대해서는 다양한 설명이 존재한다. 그중 열매와 관련한 설명으로는 과일이 초록에서부터 빨강이나 오렌지색으로 익어가면서 변하는 색을 초록의 잎과 구별해서 보다 잘 보기 위한 진화의 결과라는 설명이다. 실제로 인간은 벌과 같은 구조의 색 인식 체계를 가진 경우보다 이러한 능력은 더 우수하다고 한다. 신세계 원숭이(New World monkey) 중에는 3색 추상 세포를 가진 개체와 2색 추상 세포만 가진 개체가 존재하는데, 3색을 볼 수 있는 개체가 익은 과일을 훨씬 빨리 감지한다고 한다.

상한 사과 하나

사과 박스 안에 상한 사과 하나가 있는 경우 다른 사과들도 쉽게 상하는 걸 본 적이 있을 것이다. 왜 그럴까? 이 궁금증을 설명하기 위해서는 익은 과일이 변해가는 과정을 잠시 살펴볼 필요가 있다. 앞서 설명한 대로 과일이 익으면 단단하던 과육이 부드러워지고 달콤한 단당류가 증가한다. 하지만 이때부터 과일은 변질될 위험에 노출된다. 즉 잘 익은 과일은 우리뿐만 아니라 미생물이나 곰팡이 등에게도 달콤한 유혹이기 때문이다. 문제는 과일이 가장 맛있게 잘 익은 상태에 머무르지 않고 물러지는 것이다.

과일을 익게 만드는 중요한 물질 중 하나는 에틸렌 가스다. 과일에 따라 에틸렌 가스에 의한 영향이 다르다. 토마토나 아보카도, 사과, 복숭아, 키위, 바나나처럼 에틸렌 가스의 영향을 크게 받는 과일을 '호흡급등형 과일(climacteric fruit)'이라 하고, 딸기나 포도, 감귤류처럼 에틸렌 가스의 영향을 덜 받는 과일을 '비호흡급등형 과일(non-climacteric fruit)'이라고 한다.

호흡급등형 과일의 경우 에틸렌 가스는 과일의 대사활동을 촉진시켜 과일의 숙성을 빠르게 한다. 숙성 속도를 늦추기 위해서는 에틸렌 가스를 흡수하는 과망간산칼륨을 사용하거나, 산소의 양을 줄이고 탄산가스를 늘리는 환경을 분위기를 만들어주면 된다. 또 숙성 과일의 보관 온도를 낮추어 과일의 대사활동 속도를 늦추면 된다.

그런데 과일의 일부가 상하면 그 부위에서 에틸렌 가스의 양이 크게 증가한다. 그렇기 때문에 사과처럼 에틸렌 가스에 민감한 과일은 박스 안에 상한 것이 하나만 있어도 에틸렌 가스의 농도가 높아져 다른 과일의 숙성을 크게 촉진시켜 무르게 하는 역할을 한다. 고대 이집트인들은 무화과를 빨리 익히기 위해서 무화과의 일부를 잘랐다고 하는데 바로 이러한 원리를 이용한 것이라 할 수 있다. 그런가 하면 중국에서는 덜 익은 배를 숙성시키기 위해 향을 피웠다고 한다. 향이 탈 때 에틸렌 가스가 배출되기 때문이다.

달콤하고 맛있게만 생각하며 즐겨 먹는 과일이지만 그 안에는 오랜 시간 동안 식물들이 면밀한 설계를 통해 발전시킨 생존 전략이 녹아 있다. 또 씨를 퍼뜨려줄 동물들과의 공존을 위한 소통의 기술도 담겨 있다. 나무에 꽃이 피고 과일이 열린 후 익어가는 과정을 면밀히 관찰한다면 나무가 우리에게 들려주는 이야기도 들을 수 있을 것이다.

달콤한 유혹,
그 뒤에 숨겨진 함정

성경의 창세기에는 인간의 운명을 바꾼 과일 이야기가 나온다. 즉 에덴동산 한가운데 금단의 열매가 열리는 나무가 있었다. 그런데 그 과일은 절대로 먹지 말라는 하나님의 경고에도 불구하고 하와는 뱀의 유혹에 넘어가 그 과일을 따 먹었을 뿐만 아니라 아담에게도 먹게 했다. 그 결과 인간은 에덴동산에서 추방되고 고통과 죽음을 피할 수 없게 되었다.

구체적으로 어떤 과일인지는 알 수 없지만, 유럽에서는 오래 전부터 이 과일이 사과라고 생각했던 것 같다. 성경에 의하면 그 열매는 '먹음직스럽고 보기에 아름다우며 지혜롭게 할 만큼 탐스럽기도 했다'라고 표현되었다. 인류 최초로 등장하는 과일의 유혹이다.

동화 〈백설공주〉에서도 백설공주를 살해하려는 계모 왕비는 독이 든 사과로 유혹하여 백설공주로 하여금 먹게 만들었다. 그런데 정말 과일이 우리를 유혹하여 함정에 빠지게도 할 수 있을까?

독이 있는 과일, 독이 있는 씨

열매를 맺는 식물과 씨를 운반하는 동물은 일종의 공생관계라 할 수 있다. 식물은 달콤하거나 특별한 색과 맛을 지닌 과일로 동물을 유인하고 동물은 이 과일을 먹음으로써 영양을 보충하는 대신 식물의 씨앗을 퍼뜨려줌으로써 상부상조한다. 하지만 가끔 열매 중에는 잘 익은 상태에서도 독이 있는 경우가 있다. 왜 그럴까? 이에 대한 하나의 이론은 약한 독이 있는 과일은 과일을 따먹은 동물들로 하여금 원래의 식물로부터 멀리 도망가도록 함으로써 씨를 멀리 퍼뜨리게 하기 위함이라는 것이다. 과일의 독이 변비를 유발, 씨가 장 내에 오래 머물게 하여 이동거리를 길게 만들기도 한다. 반대로 자두 같은 경우에는 변을 잘 나오게 하는 완하제를 가지고 있어 동물이 씨째 삼키면 씨가 소화되지 않고 바로 변으로 나올 수 있게 하기도 한다.

식물에 있어 과일의 가장 큰 임무는 그 안에 있는 씨를 보존하고 잘 퍼뜨리는 데 있다. 과육은 씨를 보호하는 물리적인 보호막으로 씨가 성숙할 때까지 마르지 않도록 수분과 영양을 공급하는 역할도 한다. 때로는 토마토처럼 씨앗이 미리 발아하지 않도록

막아주는 역할도 한다.

일부 과일이나 열매가 가지고 있는 독은 어쩌면 씨에 해를 끼치는 특정 동물이나, 미생물 혹은 균류에 대항하기 위한 식물의 무기일지도 모른다. 벨라돈나풀(자주색 꽃이 피고 까만 열매가 열리는 독초)의 열매는 많은 포유동물에게는 치명적이지만 몇몇 새들에게는 무해하며, 지중해 자단 열매는 일부 해충에게는 독성이지만 씨앗을 날라주는 새에게는 독이 아니다.

과일에 있는 독소는 씨앗을 손상시키는 것들을 막기 위한 전략과 씨앗을 퍼뜨리는 동물들의 유혹 사이의 균형 관계라 할 수 있으며, 이 균형은 열매를 얼마나 오랫동안 붙잡고 있을 수 있는가에 따라 결정된다고 할 수 있다. 영양이 많고 매력적인 과일은 익자마자 쉽게 발견되어 먹이가 된다. 이러한 과일나무는 씨를 번식시키는 동물들이 먹기 전에 나무에서 상해버릴 염려가 별로 없기 때문에 보호용 독소가 필요 없다. 하지만 영양도 별로 없고 매력적이지 못해서 씨를 운반해줄 대상 동물이 적거나 신뢰할 수 없을 때나, 씨를 상하게 할 약탈자가 염려될 경우, 나무에 오래 남아 있어야 하는 경우 취약한 씨앗을 보호하기 위해 독소로 무장한다.

하지만 독이 있는 열매나 과일에 대한 해석은 그리 단순하지는 않다. 최근 연구에 따르면 독성 과일은 단순히 씨를 보호하는 차원보다 식물 전체를 보호하기 위해 만들어질 수도 있으며, 이 독소가 과일이나 열매로 옮겨왔을 수도 있기 때문이다.

혹시 사과 씨를 먹은 적이 있는가? 씨 속에는 자신을 파괴하는 동물들로부터 보호하기 위한 독소가 숨어 있는 경우가 많다고 한다. 살구, 복숭아, 앵두, 매실, 자두, 아몬드 등 벚나무속 열매의 씨앗들과 사과의 씨앗, 은행 등에는 아미그달린(amygdalin)이라는 물질이 들어 있다. 아미그달린은 시안화물(청산가리)과 설탕이 결합된 형태의 물질이다. 만일 사과씨를 씹어 먹을 경우 사과씨 속의 아미그달린은 우리 몸 속의 효소와 결합하면서 설탕 부분이 쉽게 분리되고 나머지 부분이 시안화수소로 바뀌게 된다. 물론 많은 양의 씨를 갈거나 씹어서 먹지 않는 한 치명적인 것은 아니다. 더욱이 시안화수소는 열에 약하기 때문에 열을 가해 요리할 경우 대부분 분해된다. 미국 국립보건원의 데이터에 의하면, 68 kg의 성인은 하루에 시안화수소를 703 mg까지 섭취해도 특별한 증상이 나타나지 않는다고 한다. 살구씨 1개당 대략 9 mg

의 시안화수소를 포함하고 있기 때문에 살구씨 78개를 갈아 먹으면 이 위험 수위에 도달하게 된다. 2014년 영국에서 발행된 자료에 의하면 단위 무게당 아미그달린이 가장 많은 씨는 녹색자두(17.49 mg/g)이며, 살구(14.37 mg/g)와 검정색 자두(10.0 mg/g)가 그 뒤를 이었다. 사과 씨에는 g당 2.96 mg이 들어 있다. 사과씨는 가벼워서 씨 한 개에는 대략 0.6 mg 정도의 시안화수소를 포함하고 있기 때문에 사과씨를 한꺼번에 1,000개 이상 씹어먹지 않는 한 위험하지 않다는 계산이다. 그러니 혹시 잘못하여 사과씨나 포도씨 그리고 수박씨를 한 두 개 씹어 먹었다고 해도 전혀 걱정하지 않아도 된다. 더욱이 씹지 않고 그냥 삼켰다면 전혀 걱정하지 않아도 된다.

세상에서 가장 맛있는 과일

분명 과일은 우리를 유혹할 만한 맛을 지니고 있다. 우리 뇌가 좋아하는 당분과 함께 우리를 기분 좋게 하는 달콤한 향기까지. 세상에는 정말 신이 준 선물처럼 맛있는 과일들이 참 많다. 인터넷을 살펴보면 세상에서 가장 맛있다고 하는 과일들의 순위가 있다. 물론 맛은 주관적이어서 사람마다 맛있다고 생각하는 과일이 다양하지만, 많은 사람들의 의견을 모아 만든 순위라는 점에서 흥미롭다.

미국의 인터넷 사이트에서 가장 맛있다고 평가된 공통적인 과일은 바로 망고다. 남부 아시아가 원산인 이 과일은 생으로도 즐기지만 주스, 스무디, 아이스크림, 파이 등 다양한 형태의 맛으로 변형이 가능하다. 특히 붉은색을 띠는 애플망고는 정말 맛있는 과일이라는 생각이 든다. 망고를 제외하면 순위가 조금씩 달라진다. 하지만 공통적으로 10위 안에 든 과일은 딸기, 사과, 수박, 파인애플, 포도, 오렌지, 석류였으며, 리치나 블루베리, 체리 등도 사이트에 따라 10위에 들기도 했다.

하지만 우리나라 사람들이 좋아하는 과일의 순위는 조금 다르다. 한국농촌경제연구원이 발간한 2018년 통계에 의하면, 한국인이 좋아하는 과일의 1위는 사과였으며 수박, 포도, 귤, 복숭아, 배가 그 뒤를 이었다. 가까이에서 쉽게 먹을 수 있는 우리의 과일들이 상위 그룹을 형성했다. 하지만 요즈음처럼 열대 과일을 쉽게 먹으며 자라난 젊은 세대에서는 이 순위도 바뀔지 모를 일이다.

위험한 과일들

과일이 모두 달콤하고 좋기만 한 것은 아니다. 과일이나 열매 중에는 우리가 모르는 해로운 성분을 가지고 있는 것들도 꽤 있다. 우리나라에서는 보기 힘들지만 열대 지방에서는 많은 사람들이 즐기는 스타프룻(star fruit)이라는 과일이 있다. 길쭉한 과일을 길이 방향에 직각으로 자르면 단면이 5각형의 별 모양을 하고 있기 때문에 붙여진 이름이다. 이 과일은 배와 포도, 감귤류의 풍미를 적당히 섞어 놓은 것 같은 맛을 지니고 있어 아주 대중적인 과일이다. 비타민C, 비타민B, 엽산, 리보플라빈, 니아신, 철, 칼륨, 칼슘, 아연, 망간과 같은 미네랄이 풍부하여 당뇨병을 조절하고, 콜레스테롤을 낮추며, 염증을 없애는 등 건강에 좋은 것으로 알려져 있다. 하지만 스타프룻에는 수산염(oxalates)이 다량 들어 있기 때문에 신장결석을 가지고 있는 사람이나 신장이 약한 사람들에게는 위험할 수도 있다고 한다.

우리나라에서도 건강에 좋다고 알려진 엘더베리(elderberry) 역시 주의가 필요한 과일이다. 잘 익은 엘더베리는 항산화 효과 등이 뛰어나 건강식품으로 각광을 받고 있지만, 대부분의 엘더베리가 열리는 딱총나무속 식물들은 뿌리, 줄기 잎과 씨 속에 독이 있으며, 섭취하면 청산염 독소가 체내에 쌓여 구토나 설사를 일으킨다. 심하면 혼수상태나 죽음에 이를 수도 있다고 한다. 열매인 엘더베리에도 작은 씨 속에 같은 독소가 들어 있는데 특히 잘 익지 않은 열매에는 독소가 많은 것으로 알려져 있다. 그러므로 잘 익은 열매만을 섭취해야 한다.

우리나라 사람들에게도 잘 알려진 캐슈넛이라는 견과류도 주의를 해야 한다. 꼬부라진 모양과 부드럽고 달콤한 맛을 지닌 캐슈넛은 사실 정확한 의미에서 견과류가 아니다. 일반적으로 견과류는 딱딱한 껍데기와 마른 껍질 속에 씨앗 속살만 들어가 있는 나무 열매의 부류를 일컫는 말이기 때문이다. 캐슈넛은 서양배와 비슷한 캐슈나무의 열매(캐슈애플)의 아랫부분에 씨가 밖으로 드러난 것이다. 과일 모양의 캐슈 애플은 실상 줄기에 해당하고 캐슈넛을 감싸고 있는 부분이 과일인데 과육은 거의 없어 캐슈넛을 감싸고 있는 막 정도가 된다. 그런데 이 부분에 독이 있다. 캐슈나무는 옻나무과에 속한다. 그러므로 이 부분에 옻과 같은 독성이 들어 있다. 그래서 우리가 먹는 캐슈넛은 유독한 껍질을 벗겨내고 볶은 것이다. 브라질 등에서는 캐슈애플로 쥬스를 만들어 마신다고도 하는데, 너무 쉽게 상해 멀리 운반은 불가능하다고 한다.

이 밖에도 우리에게 잘 알려지지 않은 열매나 과일 중에 독소를 가지고 있는 것들이 많다. 비록 독소는 없다고 해도 때로는 달콤한 당분이 유해할 수도 있다. 예를 들어 다이어트를 해야 하는 사람들에게는 당분이 많은 과일은 해로울 수 있기 때문이다. 다이어트에 도움이 안 되거나 안 좋은 과일로는 당분의 함량이 높은 포도, 파인애플, 감귤, 오렌지, 망고 등을 들 수 있다. 먹음직스러운 과일 속에 때로는 우리에게 독이 되는 성분이 있다니 달콤한 과일의 유혹도 조심해야 할 일이다.

와인병에 담긴
향긋한 과학

✦

"한 병의 와인은 세상의 모든 책에 담긴 것보다 더 많은 철학을 담고 있다." 세균학의 아버지로 불리는 프랑스의 생화학자 루이 파스퇴르(Louis Pasteur)가 한 말이다. 이처럼 서양인들에게 와인은 오랜 세월 함께해온 아주 특별한 음료이며 생활의 일부라고 할 수 있다.

와인병 속에 감추어진 과학

뻔한 질문으로 이야기를 시작해보자. 와인병 속에는 무엇이 담겨져 있을까? 당연히 적포도주나 백포도주 등의 포도주가 담겨져 있다. 그런데 한 가지가 더 들어 있다. 작지만 빈 공간도 함께 있다. 포도주를 담는 유리병, 유리병 입구를 막고 있는 마개, 그

사이 공간에 담긴 공기 중 산소는 포도주와 끊임없이 상호작용을 해 포도주의 맛을 변화시키는 과학 활동을 한다.

우리 주변에서 일어나는 모든 물질의 변화는 크게 두 가지다. 물리적 변화와 화학적 변화. 포도가 오크통(oak barrel)에서 발효되어 포도주로 변하는 과정은 대부분 화학적인 상태 변화다. 이스트가 포도 속의 당분을 분해해서 탄산가스와 알코올, 200여 가지 이상의 향기 화합물인 에스테르(ester)를 만든다. 포도의 종류와 발효 조건 등에 따라 조금씩 다른 화학 반응이 일어나 만들어지는 물질도 조금씩 달라진다. 그래서 같은 양조장에서 만든 포도주도 해마다 맛과 향이 달라진다.

포도주의 맛과 향은 포도 산지의 기후와 토양 등의 차이로부터 시작된다. 따뜻한 기온에서 자란 포도는 잘 익어 당도가 높다. 잘 익은 포도로 만든 포도주는 산도가 낮아 더 달콤한 맛을 낸다. 당도가 높으면 이스트는 더 많은 알코올을 만들어내고 신맛은 줄어든다.

이러한 물리·화학적 변화는 발효 과정에서만 나타나는 것은 아니다. 병에 넣어 마개를 닫고 보관하는 과정에서도 계속된다. 포도주를 보관하는 가장 적절한 온도는 일반적으로 13℃로 알려져 있다. 하지만 보관 온도보다 더 중요한 것은 일정한 온도다. 보관하는 온도의 변화는 포도주를 수축하고 팽창시킨다. 포도주가 팽창하면 유리병 내부의 작은 공간의 압력이 증가한다. 코르크 마개는 완벽하게 공기를 차단하지 못하기 때문에 내부에 있던 포도주의 향미(bouquet)가 밖으로 미세하게 빠져나간다. 반대로 온도가 내려가 수축하면 내부의 압력이 감소하면서 진공청소기가 먼지를 빨아들이는 것처럼 외부로부터 공기가 유입된다. 적은 양의 산소는 포도주를 부드럽고 달콤하게 만들지만 잦은 온도 변화로 유입된 산소량이 많아지면 포도주 맛을 버리게 된다.

와인병의 진화

감각적인 입, 가느다란 목, 우아한 어깨, 매끈한 몸매, 사랑스러운 펀트(punt). 아름다운 여인을 묘사하는 말이 아니다. 와인병을 가리키는 묘사들이다. 세계적으로 한 해에 소비되는 포도주는 300억 병 이상이다. 가격도, 맛도 다양하지만 대부분 유리병에 담겨 있으며 코르크 마개로 닫혀 있다.

유구한 역사를 지닌 와인이지만 유리병에 담긴 와인의 역사는 그리 길지 않다. 여기서 잠깐 와인의 역사를 살펴보기로 하자. 처음 와인이 시작된 곳은 어디일까? 프랑스? 이탈리아? 독일? 모두 정답이 아니다. 정답은 러시아와 터키 사이 흑해 연안에 위치한 조지아다. 옛 이름인 그루지아로 더 많이 알려진 나라다. 현재 우리가 사용하는 '와인'이라는 말도 조지아에서 시작되었다고 한다. 조지아어로 와인은 그비노(Ghvino)인데, 이것이 이탈리아로

가서 비노(Vino), 프랑스에서 뱅(Vin), 독일에서 바인(Wein), 그리고 영국으로 넘어가 와인(Wine)이 되었다. 조지아에서는 기원전 6,000년 이전부터 크고 길쭉한 토기를 꿀벌의 밀납으로 코팅한 와인병, '크베브리(Qvevri)'를 사용했다고 한다. 와인이 이곳에서 유래했으니 최초의 와인병 역시 크베브리라고 할 수 있다.

와인병의 다음 세대는 이집트에서 처음 만들어진 암포라(amphora)다. 두 개의 손잡이가 있고 길쭉하고 가는 목이 있으며 아래는 점점 가늘어져 끝이 뾰족하게 생긴 토기로, 그 후 그리스와 로마 시대에 포도주를 담아 운반하는 데 널리 사용된 와인병이다. 암포라는 끝이 뾰족해 침전물을 모으기 용이했으며 보관을 위해 땅에 묻기도 편했다. 또한 길고 가는 목 부분을 가지고 있어서 포도주가 산소와 접촉하는 면을 줄여주었다. 원래 병 마개로는 진흙을 사용했지만, 그리스와 로마 시대에 포도주의 변질을 막기 위해 코르크를 사용했다고 전해진다. 그 후 로마인들은 포도주를 보관하는 데 오크통을 사용했다.

1600년대가 되어서야 비로소 유리병에 포도주를 담기 시작했다. 석탄을 때서 가열하는 요(窯)가 발명되어 높은 온도로 두꺼운 유리를 만들게 되자, 유리병이 와인을 보관하는 매력적인 후보로 떠올랐다. 하지만 초기에는 여전히 포도주를 오크통에서 숙성시키고 판매하거나 마실 때만 유리병에 옮겨 담았다고 한다. 초기 유리병은 얇아서 잘 깨졌기 때문이다. 본격적으로 와인을 담는 데 유리병을 사용하기 시작한 것은 17세기 영국의 케널름 딕비(Sir Kenelm Digby)가 처음으로 두껍고 안전한 어두운 색 유리병을 만들면서부터다. 그가 만든 와인병은 지금 우리가 쓰는 그것과 달리 키가 작고 배가 불룩한 양파 모양이었다. 샴페인처럼 기포가 많은 스파클링 와인은 높은 압력을 견딜 수 있는 유리병이 만들어진 뒤에야 본격적으로 발전되었다. 이때 만들어진 샴페인 병은 내부의 높은 압력을 견디기 위해 병 바닥이 안쪽으로 깊고 두껍게 움푹 들어간 펀트가 있었다. 1800년대 중반에 접어들어서야 와인병은 요즘처럼 가늘고 긴 모습을 갖추었다.

포도주 병의 펀트는 이러한 용도 외에도 여러 가지 설명이 있다. 그중 하나는 병을 만드는 장인들이 뜨거운 유리를 다루기 쉽게 한 것이라는 설명이다. 또 다른 설명은 침전물을 잡아두기 위한 용도라는 것이다. 마지막은 상대적으로 잘 깨지는 바닥을 강화하기 위한 구조가 펀트라는 설명도 있다. 그러나 그 이유와 상관없이 펀트는 와인을 잔에 따를 때 엄지손가락을 그 안에 넣고 잡아서 편리하게 서브하는 데 사용된다.

유리의 과학

와인병의 시초가 된 딕비의 어두운 색 와인병은 의도적인 것이
아니라 만드는 과정에서 불순물이 많아서 그렇게 된 것이었지만,
포도주 보관의 측면에서 보면 탁월한 선택이었다고 할 수 있다.
왜냐하면 어두운 색으로 인해 자외선이 차단되어 포도주의 변질
을 막을 수 있었기 때문이다. 요즘 가장 많이 사용하는 와인 병은
녹색 병이다. 보르도 레드 와인은 어두운 녹색 병에, 드라이한 보
르도 화이트 와인은 밝은 녹색 병에 담는다. 또한 버건디나 모젤,
샴페인 등의 와인들도 녹색 병을 사용한다. 포도주는 자연적으로
항산화물질을 가지고 있어서 그 자체로는 산화되지 않는다. 하지
만 자외선은 포도주 속 항산화물질을 분해시켜 산패를 일으킨다.
그래서 와인병은 자외선 차단을 위해 녹색 병을 사용하는 것이다.

유리는 포도주보다도 더 오랜 역사를 가지고 있다. 기원전 8000
년부터 도자기에는 유리 성분의 유약을 칠해서 사용한 흔적이 있
으며 기원전 1500년경에는 이집트에서 유리그릇을 만드는 기술
을 개발했다. 지금으로부터 2,000여 년 전 시리아에서는 녹은 유
리를 긴 빨대로 불어서 물건을 만드는 유리 세공 기술이 발명되
었다. 유리병은 이 방법으로 만들어진 것이다.

아주 간단히 말하자면, 유리는 모래를 높은 온도로 녹인 후 식
히면 만들어진다. 모래의 주성분인 이산화규소(silicon dioxide)

가 유리의 주성분이기 때문이다. 하지만 모래는 1,700 ℃의 높은 온도로 가열해야만 녹는다. 1945년 미국 과학자들은 뉴멕시코의 사막 지대에서 원자폭탄 실험을 했는데, 실험 지역에서 엄청난 양의 유리 입자들이 발견되었다고 한다.

일단 녹은 이산화규소는 식히더라도 원래의 모래 형태로 돌아가지 않고 딱딱하게 굳은 액체 상태를 유지한다. 이러한 상태를 '비정질고체(非晶質固體, Amorphous solid)'라고 부른다. 즉 유리는 철이나 금 같은 금속들처럼 원자의 배열이 규칙적이지 않고 액체처럼 원자가 불규칙하게 배열되어 있다. 또 유리에 열을 가하면 유리전이온도에서 유동성을 갖기 시작하는데, 더 높은 온도가 되면 액체 상태로 돌아간다. 유리는 투명한 데다 내열성과 화학적 반응이 거의 없어서 다양한 용도로 사용된다. 특히 녹은 상태에서 모양을 만들기 용이하여 세공이 가능하다.

보통 유리를 만들 때에는 이산화규소(SiO_2) 외에도 소다회(탄산나트륨, Na_2CO_3)와 석회석(탄산칼슘, $CaCO_3$)을 첨가한다. 소다는 규소의 높은 녹는온도(1,710 ℃)를 1,000 ℃ 정도로 내려주어서 유리를 만들 때 필요한 에너지를 크게 낮추어준다. 하지만 소다만 들어간 유리는 물에 녹는 성질이 있다. 그래서 이를 보완하기 위해 석회석을 첨가한다. 이렇게 소다와 석회를 넣어 만든 유리가 우리가 아는 그 투명한 일반 유리다.

용도에 따라 유리에 화학물질을 첨가하면 색과 성질을 바꿀 수 있다. 예를 들어 철과 크롬 성분을 첨가하면 녹색의 유리가 된다. 와인병으로 사용되는 유리가 이렇게 만들어진다. 또 보론 성분을 첨가하면, 내열성이 우수한 붕규산유리(borosilicate glass)가 된다. 산화납을 첨가하면 크리스탈과 같이 세공이 가능한 납유리가 된다.

숙성에 최적인 코르크

유리병과 코르크 마개의 조합을 처음 사용한 사람은 17세기 프랑스의 수도사 동 페리뇽(Dom Perignon)이라고 알려져 있다. 그때까지 포도주 병은 나무 마개나 기름 적신 천 조각으로 막았는데 포도주를 오래 보관하는 데 문제가 많았다. 동 페리뇽이 처음 유리병에 코르크 마개를 사용하고 300여 년이 지났지만, 이 환상의 조합은 변하지 않았다. 하지만 왜 코르크 마개가 와인의 보관과 숙성에 효과적인지는 오랫동안 수수께끼로 남아 있었다.

포도주는 저장 중에 서서히 숙성이 일어난다. 그런데 숙성 과정의 하나는 포도주 안의 과일산이 알코올과 반응을 하는 것이다. 이 반응을 통해 포도주의 신맛이 감소한다. 숙성 중 또 다른 산화 반응들도 일어난다. 이러한 반응을 통해 견과류의 맛이 나는 향이 만들어지기도 한다. 산소가 전혀 없는 상태에서 숙성이 일어나면 썩은 달걀 냄새 혹은 탄 고무 냄새 같은 향이 나는 미량의 싸이올(thiol) 화합물이 만들어지는데, 와인병 내 미량의 산소가 이러한 화합물들을 제거한다. 또한 산소는 포도의 붉은 안토시안 분자와 반응하여 안정된 빛깔의 적포도주로 숙성시킨다. 숙성 중 필요한 산소는 바로 마개를 통해 공급되기 때문에 일 년에 병 안으로 공급되는 산소의 양에 따라 숙성의 과정이 달라지며 와인의 맛이 가장 좋은 때가 결정된다.

그러므로 산소를 얼마나 통과시키는가가 코르크 마개의 우수성을 말해준다. 일반적인 코르크 마개의 경우 일 년에 1 mg 정도(약 0.7 mL)의 산소가 병 속으로 들어간다. 물론 아주 적은 양이지만 수년 동안 쌓이면 포도주의 산화를 방지하기 위해 양조 시에 넣는 아황산염을 분해시킨다.

코르크는 코르크 참나무 껍질로 만드는 천연 재료다. 코르크 마개 하나는 대략 8억 개의 작은 방으로 이루어져 있으며 공기 같은 기체로 채워져 있다. 코르크는 독특한 재료적 특성을 지니고 있는데, 그중 하나는 재료를 한 방향으로 잡아당기거나 압축할 때 다른 방향으로 줄어들거나 늘어나는 길이의 비를 가리키는 푸아송비(Poisson's ratio)가 거의 0에 가깝다는 것이다. 즉 코르크 마개를 누르거나 잡아 당겨도 마개의 굵기가 거의 변하지 않는다는 말이다. 고무처럼 탄성이 강한 물질은 푸아송비가 거의 0.5나 되어 당길 때와 압축할 때 굵기의 변화가 대단히 크다. 그래서 거의 크기의 변화가 없는 코르크로 병 입구를 막는 것이다. 일반적으로 코르크는 틈이 있어서 공기를 투과시키며 포도주가 숨을 쉬게 한다고 알려져 있다. 하지만 최근 연구에 의하면, 병 안에서 포도주에 산소를 공급하는 것은 외부로부터 들어오는 산소가 아니라 병을 막을 때 코르크 마개 안에 스며들어 있던 산소라는 주장도 있다.

자연산 코르크 마개는 동일한 것이 하나도 없다고 할 정도로 마개마다 미묘한 차이가 있다. 그러므로 코르크 마개에 따라서 보관 중 맛의 차이가 나타날 수도 있다. 또 1~2%의 확률로 적기는 하지만, 트리클로로아니솔(TCA, trichloroanisole)이라는 성분이 만들어져 퀴퀴한 나무 썩은 냄새 같은 나쁜 냄새가 나는 경우도 있다. 트리클로로아니솔은 코르크 마개를 제작하는 과정 등에서 유입된 염소가 코르크의 천연 리그닌과 반응하고, 이 물질이 다시 곰팡이에 의해 메틸화되어 발생한다. 이러한 단점을 보완하기 위해 최근에는 인공적으로 만든 코르크 마개나 플라스틱 마개 등이 사용되기도 한다.

그러나 대부분의 포도주는 아직도 300년 이상 그 자리를 지켜온 자연산 코르크 마개를 사용한다. 마개를 뺄 때 들리는 경쾌한 소리와 함께 퍼져나와 코끝에 행복한 전율로 다가오는 포도주의 향긋한 향미는 우리 삶의 위안이자 잔잔한 즐거움이다.

식탁 위의
그린 필드

우리 가족이 자주 가는 피자집이 하나 있다. 피자 맛이 특별해 아내뿐만 아니라 외손녀도 좋아하는 곳이다. 이 집 피자 중 생 루꼴라를 토핑으로 가득 올린 루꼴라 페스토 피자를 아내가 특히 좋아한다. 하지만 마치 열무 비슷한 생김새와 맛을 지닌 생 루꼴라가 가득 올려진 이 피자를 어린 외손녀는 절대 먹지 않는다. 아내에게는 맛있는 루꼴라가 외손녀에게는 맛이 없기 때문이다.

피자와 함께 주문하는 하우스 샐러드에는 다양한 잎 채소들이 가득하고 색과 맛, 영양을 더하기 위해 오렌지, 토마토, 호두 그리고 리코타 치즈 등이 얹혀져 있다. 그리고 그 위에는 세콤한 발사믹 소스가 뿌려져 있다. 이 또한 외손녀에게는 별로 먹고 싶지 않은 메뉴 중 하나다.

요즈음은 건강을 위해 식탁 위에 녹색 야채가 많이 오르지만,

내가 젊을 때만 해도 푸성귀만 놓여 있는 식탁을 보면 사람들은 미국의 포크 밴드 브라더스 포가 부른 '그린 필드'를 떠올리며 뭔가 아쉬운 느낌을 표현하곤 했다.

우리는 야채를 여러 가지 방법으로 먹고 있다. 가장 대표적인 방법은 날로 먹는 샐러드나 쌈이다. 특별히 우리나라는 나물이나 김치 등 익히거나 발효시켜 먹는 방법도 발달했다. 이제부터 이러한 식탁 위의 그린 필드에 숨어 있는 몇 가지 과학을 알아보기로 한다.

샐러드 드레싱의 과학

영어의 'salad'는 프랑스어 'salade'에서 왔다. 이 말은 또 불가리아계 라틴어 'herba salata(salted greens, 소금에 절인 야채)'로부터 왔다. 라틴어의 sal은 소금을 뜻한다. 영어에서 샐러드라는 단어가 처음 등장한 것은 14세기라고 한다. 이런 이름이 만들어 진 이유는 로마나 고대 그리스 그리고 페르시아 사람들이 야채를 소금물이나 짠맛이 나는 기름, 식초로 만든 드레싱과 함께 먹었기 때문이다.

샐러드는 크게 두 부분으로 나눌 수 있다. 주가 되는 양상추, 토마토 등 고체의 야채들과 그 고체를 둘러싸고 있는 액상의 드레싱이다. 어떤 사람은 이 모양을 보고 마치 원자 구조와 같다고 표현한다. 즉 고체 상태의 야채는 양성자와 중성자로 이루어진 원자핵이며 액상의 드레싱은 그 주위를 에워 싸고 있는 전자 구름과 같다는 것이다. 원자의 성질이 원자핵에 의해 결정되듯이 샐러드의 종류는 안에 있는 야채에 의해 결정된다. 전자 구름 속의 전자 개수가 원자핵에 의해 결정되는 것처럼 샐러드 전체의 균형을 위한 드레싱 역시 고형 성분인 야채의 종류에 따라 달라져야 한다. 샐러드는 이렇게 야채와 드레싱이 만나 새로운 맛을 선사한다.

전통적인 야채 샐러드에 사용되는 드레싱의 주 성분은 올리브 오일과 같은 기름과 신맛을 내는 식초다. 여기에 후추나 마늘과 같은 향신료가 첨가된다. 예를 들어 전통적인 프랑스식 샐러드에 사용되는 드레싱은 올리브유와 적포도주 식초인 발사믹 식초로 만들며 여기에 마늘과 향신료인 타라곤이 첨가된다. 그런데 이런 드레싱을 집에서 만들어 먹으려고 해도 식용유와 식초를 섞는 일이 그리 쉽지 않다. 아무리 열심히 휘젓거나 병에 넣고 흔들어도 처음에는 섞이는 것처럼 보이지만 결국 두 성분은 분리되고 말기 때문이다.

드레싱에 사용하는 식초의 주성분은 초산(acetic acid)과 물이다. 그런데 초산 분자의 한쪽 끝은 전기적으로 약한 음 전하(negative charge)를 띠고 다른 끝은 약한 양 전하(positive charge)

를 띠고 있다. 이러한 분자들을 극성분자(polar molecules)라고 부른다. 일반적으로 이렇게 전하의 분포가 불균일한 극성분자들은 서로 친화력을 가진다. 한 분자의 음 전하를 띤 부분과 다른 분자의 양 전하를 띤 부분이 서로 끌어당기기 때문이다. 두 개의 수소와 한 개의 산소로 이루어진 물 분자도 약한 양 전하를 띠는 수소 부분과 음 전하를 띠는 산소 부분이 있어 극성을 가진다. 그렇기 때문에 이러한 극성분자들은 물과 친화력을 가지는 친수성(親水性, hydrophilic)을 가지고 있다.

반면 올리브유와 같은 기름은 물과 별로 친하지 않은 성질을 가지고 있다. 올리브유는 긴 분자 구조를 가진 지방산(fatty acid)으로 이루어져 있다. 이 분자 구조에서는 전자의 분포가 균일하여 극성분자처럼 음 전하와 양 전하의 극이 존재하지 않는다. 이러한 분자를 비극성 분자라고 하며 비극성 분자가 물과 혼합되면 물 분자와 결합하지 못하고 비극성 분자끼리 뭉치면서 물과 분리된다. 이렇게 물을 싫어하는 성질을 소수성(疏水性, hydrophobic)이라 한다. 그렇기 때문에 샐러드 드레싱의 올리브유와 포도주 식초인 발사믹 식초를 섞으면 분리되어 따로 놀게 된다.

물과 기름을 혼합한 후 강하게 휘저으면 처음에는 기름이 작은 방울이 되어 물 속에 고르게 섞이는데 이를 유화액(乳化液, emulsion)이라 부른다. 우유는 단백질, 유지방, 물 등의 여러 성분이 혼합되어 있는 대표적인 유화액이다. 유화액이란 말은 우유와 같이 된다라는 뜻이다.

그렇다면 유화액을 오래 두어도 잘 분리되지 않게 하기 위해서는 어떻게 해야 할까? 유화제(乳化劑, emulsifier)를 사용하면 되는데, 유화제로 사용되는 물질의 한 손은 극성 분자의 손을, 또 다른 손은 비극성 분자의 손을 잡을 수 있는 분자 구조를 지니고 있다. 그렇기 때문에 유화제가 중간에서 물과 기름을 결합시키는 역할을 하는 것이다. 대표적인 천연 유화제는 계란 노른자다. 노른자 속에 들어 있는 레시틴이 바로 이러한 역할을 하는 물질이다. 이 밖에도 콩 레시틴, 마늘과 겨자 속에 들어 있는 물질도 유화제의 역할을 한다.

또 다른 유화제 가운데 우리 생활에서 가장 흔하게 만나는 것이 비누다. 비누가 손이나 옷의 기름기를 물과 결합하도록 해 씻어낸다. 최근에는 비누로 손 씻기가 코로나 바이러스를 효과적으로 제거한다는 사실이 알려졌다. 코로나 바이러스는 모두 표면에 돌기 형태의 '스파이크 단백질'이 있는데, 이 스파이크 단백질은 지방층 막에 꽂혀 있다. 비누의 계면활성제가 코로나 바이러스의 지방질 일부를 녹임으로써 형태를 파괴하기 때문에 바이러스가 증폭하지 못하고 사멸한다고 알려져 있다.

야채가 써서 못 먹는 사람들

브로콜리나 컬리플라워와 같이 십자 모양의 꽃을 피우는 십자화과 채소에는 베타카로틴, 비타민C, 비타민E, 비타민K, 식이섬유 등이 풍부하지만, 글루코시놀레이트(glucosinolate)라는 물질도 함유되어 있다. 이물질은 분해 효소와 작용하면 '설포라판'이라는 물질이 만들어지는데 설포라판은 암세포에 작용해 세포의 자멸을 유도하기 때문에 항암 식품으로도 알려져 있다. 하지만 이러한 야채를 자르거나 씹게 되면 글루코시놀레이트는 쓴맛이나는 기름을 만들기 때문에 십자화과 야채를 먹을 때 쓴맛을 느끼게 된다.

과학자들의 연구에 의하면 사람들은 TAS2R38이라는 맛을 감지하는 유전자를 두 쌍씩 가지고 있다. 이 유전자는 두 가지 다른 형태인 AVI와 PVI가 존재하는데, 사람에 따라서 두 개의 AVI만 가지고 있는 사람, AVI와 PVI를 각각 하나씩 가지고 있는 사람, 그리고 두 개의 PVI만 가지고 있는 사람이 있다. 이중 쓴맛을 강하게 감지하는 것은 PVI로 알려져 있다. 30%의 사람들은 두개의 AVI만 가지고 있어 이 채소를 먹을 때 쓴맛을 전혀 느끼지 않는다. 하지만 두 개의 PVI만 가지고 있는 사람들은 하나의 PVI를 가진 사람들에 비해 2.5배 이상으로 쓴맛을 강하게 느낀다. 그래서 이들은 채소를 극도로 싫어한다.

잘 아는 것처럼 인간이 쓴맛을 예민하게 느끼는 것은 많은 경우 쓴맛을 지닌 물질이 독소와 연관되어 있어 생명을 보존하기 위한 장치다. 예를 들어 사과 등의 과일 씨를 씹으면 쓴 맛을 느끼게 되는데 이는 아미그달린 때문이며 이 물질은 씹거나 분쇄되면 독성이 있는 청산가리로 바뀐다. 하지만 커피처럼 쓴맛을 지닌 음식이라고 모두 독은 아니다. 브로콜리 등의 야채 속의 쓴맛 역시 독성은 없기 때문에 이를 극복하는게 건강에 도움이 된다고 말한다. 연구에 의하면 이러한 음식을 꾸준히 먹게 되면 침 속의 단백질 성분에 변화가 생겨 쓴맛을 덜 느끼게 적응이 된다고 한다.

생 야채가 익은 야채보다 건강식?

생 야채와 조리한 야채 중 어떤 형태가 우리 몸에 더 좋을까? 한 연구에 의하면 엄격하게 생식을 해온 그룹의 경우 비타민A는 평균 수준이고 베타카로틴은 평균보다 조금 높은 수준이었지만 항산화물질의 하나인 라이코펜은 오히려 낮은 수준으로 조사되었다. 라이코펜은 토마토와 수박, 붉은 파프리카 등 붉은색의 야채나 과일에 있는 붉은색 색소다. 라이코펜은 암이나 심장 질환의 위험을 낮추며 비타민C보다 항산화력이 더 강한 것으로 알려져 있다.

토마토의 경우 88 ℃에서 30분 정도 조리를 하면 라이코펜의

한 종류인 시스-라이코펜(cis-lycopene)이 35% 증가한다. 게다가 가열을 하면 토마토의 두꺼운 세포벽이 무너져 세포 안에 있던 라이코펜과 같은 영양소를 흡수하기 쉽게 해준다. 당근, 시금치, 버섯, 양배추 등 많은 야채들도 조리를 통해 카로티노이드나 페루릭산(ferulic acid)과 같은 항산화물질을 더 많이 공급할 수 있도록 변화한다. 당근이나 호박, 브로콜리 속에 있는 카로티노이드의 경우 물에 삶거나 찌는 경우가 기름에 튀길 때보다 이러한 항산화 물질이 더 많이 보존되는 것으로 알려져 있다.

하지만 브로콜리 등에 들어 있는 글루코시놀레이트 화합물은 물에 넣고 삶으면 많은 양이 녹아 없어진다. 뜨거운 물에서 오래 삶으면 효소가 제 기능을 발휘하지 못해 항암 물질인 설포라판을 만들어낼 수 없기 때문에 살짝 데쳐서 먹는 것이 좋다.

조리하면 채소가 갈색으로 변하는 이유

녹색 채소는 몸에 좋은 영양분을 많이 가지고 있을 뿐만 아니라 보기에도 생명력이 넘치는 녹색을 지니고 있다. 그러나 나물과 같이 삶거나 찌는 등 열을 가해서 조리할 경우 때로는 야채의 초록색이 갈색으로 변하기도 한다. 왜 이런 변화가 일어나며 어떻게 해야 조리 후에도 싱그러운 초록색을 유지할 수 있을까?

녹색 야채가 녹색을 띠는 이유는 야채의 잎 속에 있는 엽록소 때문이다. 엽록소는 식물 광합성의 핵심 분자로 빛에너지를 흡수하는 안테나 역할을 한다. 엽록소 분자 중심에는 수소와 탄소 및 질소로 이루어진 고리가 있고 그 중앙에 마그네슘이 자리하고 있다. 이 중심부가 빛을 받으면 빛에너지를 화학에너지로 바꾸어주는 역할을 하는데, 이때 다른 파장의 빛은 흡수하고 초록빛에 해당하는 파장의 빛만 반사하기 때문에 우리 눈에는 초록색으로 보이는 것이다. 녹색 채소의 세포 사이에는 수많은 공기 방울들이 있어 실제로 엽록소에서 반사된 녹색빛은 안개 낀 것과 같이 덜 선명하게 보인다. 그런데 야채를 삶기 시작하면 이 공기 방울들이 팽창하고 터지기 때문에 안개가 걷힌 것처럼 원래의 선명한 녹색으로 보이게 된다. 하지만 수소 이온이 많은 수용액에서 가열하게 되면 엽록소 중심에 있는 마그네슘 이온이 수소 이온으로 쉽게 치환되어 흡수하는 빛의 파장이 바뀌게 된다. 갈색 또는 노란색 계열의 파장을 반사하면서 녹색 야채가 갈색으로 변하는 현상이 나타난다. 이러한 현상은 수소 이온의 활성도가 높은 산성 환경에서 더 촉진된다.

이러한 갈변 현상을 줄이려면 야채를 삶을 때 수소 이온과의 접촉을 줄이기 위해 짧은 시간 동안만 데쳐내고 삶는 물에 소량의 베이킹소다를 넣어 알칼리 환경을 만들어주면 도움이 된다. 일반적으로 많이 사용하는 소량의 소금(1~2%)을 넣는 것도 도움이 된다. 녹색이 가장 선명해질 때 빨리 꺼내 얼음물 속에 넣는 것도 갈변 현상을 줄일 수 있는 방법이다.

　야채는 식이섬유, 각종 비타민, 미네랄, 그리고 다양한 형태의 식물 화학물질인 피토케미칼 등이 풍부한 건강식품이다. 최근에는 코로나 바이러스를 이겨내기 위한 면역력 증강을 위해서도 야채의 섭취를 권하고 있다. 맛있고 건강에도 좋은 야채를 과학적으로 먹을 수 있다면 고기 못지 않은 보약이 될 것이다.

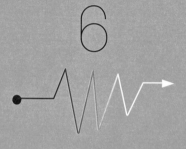

6

계절을 타는 맛

미국 테네시 주의 더사우스대학 트로이시 교수팀은 연구를 통해,
사회적 동물인 인간은 사회적 고립감을 느낄 때 편안하고 익숙한 맛을 찾는다는 것을 발견했다.
이런 익숙한 맛은 전통음식이나 파티에서 먹었던 음식들과 같이
과거 가족이나 사회적 모임, 자신을 돌보아준 사람들과 연관된 음식이 대부분이었다.

봄의 미각

ол드 팝송 중에 록밴드 '버즈(Byrds)'가 부른 〈Turn, Turn, Turn〉이라는 노래가 있다. 노래는 "모든 것들에는 계절이 있다 (To everything 'turn, turn, turn' / There is a season 'turn, turn, turn')"이라는 가사로 시작된다. 즉 모든 것들은 변하고 그에 맞는 때가 존재한다는 다소 철학적인 의미를 지니고 있다. 심리학자의 연구에 의하면, 음악도 계절에 따라 선호도가 바뀐다고 한다. 그 이유는 계절에 따라 사람들의 심리 상태가 달라지고 이에 따라 선호하는 음악의 종류도 달라지기 때문이라는 것. 즉 춥고 일조량이 적은 가을과 겨울에는 대체로 사람들은 차분한 발라드를, 따뜻하고 해가 긴 봄과 여름철에는 댄스곡을 더 선호한다는 것이다.

계절에 따른 몸의 변화

우리 몸도 이렇게 계절에 따라 적응하면서 변한다. 추운 겨울이 지나고 해가 조금씩 길어지면서 주위에 꽃이 피고 새싹과 잎들이 돋아나면 마음속에 새로운 희망과 밝은 기운이 가득하지만, 이와 반대로 우리 몸은 졸리고 무기력 상태에 빠지는 경우가 많다. 이러한 증상을 춘곤증이라고 하는데 꾸벅꾸벅 졸거나 식욕이 감퇴하는 현상이 나타나며 때로는 무기력과 우울증까지를 동반하기도 한다. 춘곤증은 계절의 변화에 따라 밤과 낮의 길이가 변하고 이와 함께 우리 몸의 호르몬 변화와 신진대사의 패턴 변화가 주된 원인이다. 밤이 긴 겨울 동안에는 숙면을 취할 수 있게 돕는 멜라토닌의 분비가 많지만, 봄에는 낮이 길어지면서 활동 호르몬 세로토닌의 분비가 증가한다. 그래서 겨울에서 봄으로 넘어가는 시기에는 이러한 호르몬의 불균형이 발생하고 이로 인해 적응하지 못한 우리의 몸에서 춘곤증이 나타나는 것이다.

또 봄이 되면 날씨가 풀리면서 몸과 마음에 변화가 일어난다. 심리적으로는 밖에서 활동하려는 의욕으로 활력이 넘치지만, 몸은 나른하고 무기력해지면서 피곤함을 느낀다. 그래서 종종 근육통이나 기분이 처지는 현상이 나타난다. 이러한 현상은 지극히 정상적이며 우리 몸이 길어진 햇빛과 따뜻한 날씨에 적응하면 자연스럽게 사라진다.

춘곤증과 함께 봄에는 대체로 식욕이 떨어진다. 피곤해서기도 하지만 겨울과 다른 패턴의 신진대사도 한 원인이 될 수 있다. 겨울이 되면 우리 몸은 추위를 이기기 위해 지방을 축적하려 한다. 물론 동면하는 동물들처럼 뚜렷하지는 않지만 지방을 축적하기 위해 체내에서는 인슐린 저항성을 높여 섭취된 당의 분해를 줄이고, 간은 지방의 생산을 증가시킨다. 반면 봄이 되면 우리 몸은 필요 없는 지방을 분해하기 위해 인슐린 저항성을 낮추어 인슐린이 당을 효율적으로 분해하도록 한다. 그래서 봄이 되면 우리 몸은 식욕이 줄어들고, 겨우내 우리 몸에 비축된 지방을 태워 필요한 열량을 충당한다.

기독교 문화권에서는 이 시기를 금식 기간으로 정해놓고 있다. 기독교도들은 예수의 고행을 기리기 위해 성회 수요일(Ash Wednesday)부터 부활절 일요일(Easter) 전날까지 40일간을 사순절로 지키며 기도와 금식을 한다. 종교적인 이유 때문이지만 봄철에 음식을 가볍게 먹거나 금식을 하는 것은 우리 몸이 자연의 사이클에 순응하게 하는 좋은 방법이라고 말하는 사람도 있다.

춘곤증을 이기는 방법

춘곤증을 완화하기 위해서는 첫째 충분한 수분 보충, 둘째 영양적으로 균형 잡힌 음식의 섭취, 셋째 충분한 수면, 넷째 적당한

운동, 마지막으로 휴식과 명상 등을 하면 도움이 된다. 이 가운데 봄철의 미각과 관련된 수분 보충과 음식에 대해 좀 더 알아보기로 한다.

우리 몸의 70% 정도가 물로 이루어져 있다는 사실을 생각해보면 충분한 수분 섭취는 비단 봄뿐만 아니라 언제나 건강을 위해서는 꼭 지켜야 할 좋은 습관이다. 웹엠디(WebMD)의 카틀린 젤만(Kathleen M. Zelman) 박사에 의하면, 물은 체액의 균형 유지, 열량 섭취, 근육에 필요한 영양 공급, 피부 보습 및 신장의 청소와 배변 활동을 돕는다고 한다. 우리의 근육은 세포 내 전해질이 균형을 이루고 있어야 제대로 작동한다. 만일 체액이 부족하거나 전해질의 불균형이 오게 되면 근육은 피로를 느끼게 된다. 그러므로 봄철에 춘곤증과 함께 나타나는 근육통이나 나른함을 완화시키기 위해서는 충분한 물을 섭취해야 한다. 물 섭취를 잘하기 위해 젤만 박사는 일하는 책상 위, 자동차 등 늘 가까이에 물병을 두기를 권한다. 그가 권장하는 하루 물 섭취량은 여자의 경우 2.7 L, 남자의 경우 3.7 L다. 이는 세계보건기구가 제시한 하루 물 섭취 권장량보다 다소 많은 편이다. WHO의 권장량은 하루 1.5~2 L로 200 mL 컵으로 8~10 잔 정도다.

영양의 균형이 잘 잡힌 봄철 음식으로는 신선한 과일과 야채, 콩류, 현미나 통밀 등 전곡(全穀, whole grain), 견과류, 지방이 적은 단백질 등이 있다. 과일은 수분이 많아 수분 보충에 유리하며 항산화 성분과 비타민, 미네랄 등이 건강과 미각을 신선하게 만든다. 하지만 당분이 상대적으로 높지 않은 수박, 딸기 등을 권하고 있다. 야채는 포타슘, 비타민A, 비타민C, 비타민E가 풍부해 만성질환의 위험을 줄이는 데 효과적이다. 시금치 등은 철분도 함유하고 있어 봄철에 꼭 섭취해야 하는 채소 중 하나다. 우리나라에서도 봄철이면 비타민과 미네랄이 풍부하고 미각을 자극하는 봄나물이 춘곤증을 완화하는 데 도움이 된다고 알려져 있다.

전곡(全穀)으로 만든 음식은 아연, 철분, 마그네슘 등을 풍부하게 함유하고 있어 식곤층을 떨쳐내는 데 도움이 된다. 특히 아침 식사로 오트밀을 권하고 있다. 오트밀은 식사 시 포만감도 주면서 오랫동안 천천히 에너지를 발산하는 특징을 가지고 있다. 또 단백질과 마그네슘, 비타민B 등이 풍부하여 몸이 깨어 있는 느낌을 주기도 한다. 견과류는 비타민과 미네랄이 풍부한 식품이지만, 지방 함량이 많아 다이어트를 하는 사람들에게는 주의를 요한다. 하지만 2003년에 진행된 한 연구에 의하면, 아몬드는 탄수화물보다 다이어트에 효과적인 것으로 나타났다. 우리 몸은 아몬드에 있는 비타민과 미네랄은 모두 흡수하지만 열량은 일부만 흡수하기 때문이라고 한다.

분위기로 느끼는 맛

음식의 맛을 입과 혀로 느낀다고 생각할지 모르나 실상은 코와 눈과 귀로도 느끼며 궁극적으로는 뇌에서 기억과 결합해 종합적으로 느끼게 된다. 〈애피타이트(Appetite)〉라는 잡지에 실린 연구에 의하면, 이긴 하키 팀을 응원한 사람들은 같은 아이스크림을 더 달게 느끼고, 진 팀을 응원한 사람들은 신맛을 더 강하게 느낀다고 한다. 사람들은 이렇게 자신의 느낌이나 분위기에 따라 사물을 인지하는 정도가 달라지고 맛 또한 다르게 느낀다는 뜻이다.

네덜란드 네이메헌의 라드바우드대학 연구원 챈(Chan)은 학생들에게 사랑에 관한 글과 질투에 관한 글, 중립적인 글을 쓰게 한 후 각각 단맛과 신맛, 단맛과 쓴맛이 반씩 섞여 있는 사탕과 초콜릿을 먹어보게 했다. 그리고 단맛과 신맛, 단맛과 쓴맛의 정도를 말하게 했다. 그랬더니 사랑에 관한 글을 쓴 학생들이 다른 두 그룹의 학생들보다 사탕과 초콜릿을 모두 더 달게 평가했다. 사랑의 느낌과 단맛이 연결되었기 때문으로 해석했다.

그렇기 때문에 음식은 함께 먹는 사람들에 따라서도 분위기가 달라져 그 맛이 다르게 느껴진다. 이 봄에는 좋아하는 사람들과 함께 사랑스러운 분위기 속에서 봄철에 나는 신선한 식재료로 만든 음식을 나눈다면 식욕이 떨어진 봄철 입맛을 돋우고 춘곤증을 이기는 데 도움이 될 것이다.

잘 익은 수박

〈톰 소여의 모험〉을 쓴 마크 트웨인은 "수박을 맛보는 것은 천사들이 무엇을 먹는지 아는 것이다"라고 여름날의 수박맛을 표현했다. 한여름 밤 잘 익은 수박 한 통을 잘라 온가족이 둘러앉아 함께 먹는 풍경은 생각만 해도 행복하고 시원하다.

그렇다면 우리는 언제부터 수박을 먹기 시작했을까? 인류와 수박은 자그마치 5,000년이라는 긴 세월을 가까이 지내온 사이다. 하지만 5,000년 전에 먹었던 수박이 지금의 수박과 비슷했으리라 생각하는 건 큰 오산이다. 초기의 야생 수박은 속이 딱딱하고 붉은 속살 대신 연녹색 과육을 지닌, 쓴맛의 과일이었다. 최초의 야생 수박은 아프리카에서 재배되기 시작했으며 훗날 지중해 여러 나라를 거쳐 유럽 전역으로 퍼졌다고 한다. 리비아의 5,000년 전 주거지에서는 다른 과일의 씨와 함께 수박 씨가 발견되었고, 4,000년 이상 된 이집트의 무덤에서는 수박의 그림이 발견되었다. 그런데 이 그림에 있는 수박은 초기 야생 수박의 둥근 모양이 아니고 타원형의 수박 모양을 하고 있어서 이미 이 시기부터 이집트에서는 수박을 개량해서 재배하기 시작했다는 추측을 가능하게 한다. 이집트 사람들은 죽은 사람이 먼 여행을 떠나면 물이 필요할 것이라는 생각으로 이 수박을 그려 놓았을 것으로 추측하고 있다.

개량된 초기 수박은 노르스름한 과육을 가지고 있었으며 지금보다 수분도 적고 당도도 높지 않았을 것으로 보인다. 하지만 점차 품종 개량을 통해 수분이 많고 당도가 높은 과일로 품종이 바뀌었다. 유럽 최초의 붉은 과육을 가지고 있는 달콤한 수박의 컬러 스케치가 등장한 것은 14세기였다.

우리나라에는 언제쯤 수박이 전해졌을까? 수박은 고려 말에 들어왔다. 고려 충렬왕 때 홍다구(洪茶丘)라는 인물이 처음으로 수박 종자를 들여와 고려의 수도인 개성에 심었다고 한다. 하지만 수박은 더운 아프리카가 고향이기 때문에 당시 우리나라에서는 재배가 쉽지 않았다. 그래서 수박 한 통 값이 쌀 반 가마니와 맞먹을 정도로 비싸 서민이 먹을 수 있는 과일은 아니었다.

우리나라 지폐 오천 원권의 뒷면에는 신사임당의 〈초충도(草蟲圖)〉가 그려져 있다. 초충도는 풀과 벌레를 소재로 하여 그린 그림으로 원래 8폭의 병풍에 그려진 그림인데, 이 중 〈수박과 여치〉와

〈맨드라미와 개구리〉 두 폭이 오천 원권 뒷면에 인쇄되어 있다. 당시 수박은 보기 드문 귀한 과일로 신사임당이나 정선 같은 일류 화가들의 그림에나 등장하는 과일이었을 것이다.

수박 맛의 과학

수박의 맛을 상징적으로 나타내는 대표적인 특징은 바로 물이 많고 달콤하면서도 붉은 속살이다. 이 붉은 색은 라이코펜이라는 물질 때문이다. 라이코펜은 주황색 당근에 있는 베타카로틴(beta-carotene)과 같은 카로테노이드(carotenoid)라는 색소 물질의 한 종류다. 토마토에도 많이 들어 있는 라이코펜은 붉은 색을 나게 한다. 수박에는 수박 1 g당 72 ㎍의 라이코펜이 들어 있어 라이코펜의 보고로 알려진 토마토보다도 라이코펜의 양이 더 많다. 토마토에는 1 g당 대략 42 ㎍의 라이코펜이 들어 있다. 라이코펜은 항산화에 도움을 줄 수 있어 전립선암이나 심혈관 질환을 예방하고 혈압을 낮춰준다고 알려져 있다.

수박의 독특한 향 또한 연구의 대상이 되고 있다. 왜냐하면 수박의 향을 인공적으로 재현하기가 대단히 어렵기 때문이다. 색에 비해 향은 여러 가지 화학물질이 함께 관여하고 있어 수박 향에 관여하는 물질들을 다 찾아내어 완벽하게 재현하기는 아직 어렵다. 많은 연구를 통해 찾아낸 수박 향의 가장 중요한 물질로는

(Z,Z)-3-6-노나다이에날(nonadienal)이다. 이 밖에도 몇 가지의 수박 알데히드(aldehyde)들이 함께 관여하는 것으로 알려져 있다. 그중 하나가 (Z)-3-헥세날(hexenal)이라는 물질인데, 이 물질은 풀을 벨 때 나는 냄새의 향기 물질이다. 만일 수박 향기에서 풀향기를 느꼈다면 코가 잘못된 것이 아니라 바로 이 물질의 영향 때문이라 할 수 있다. 하지만 수박 향의 중심 물질인 (Z,Z)-3-6-노나다이에날이라는 물질은 불행히도 불안정해서 쉽게 분해되기 때문에 인공향으로 만들어 식품에 사용할 수 없다고 한다.

달콤한 맛을 기대하고 붉은 수박 속살을 한 입 베어 물었는데 기대와는 달리 밍밍하게 느껴지면 어떻게 해야 할까? 소금을 살짝 뿌리면 된다. 땅콩버터와 잼이 잘 어울리듯이 밍밍한 수박과 약간의 소금은 맛을 끌어올리는 멋진 궁합을 보여준다. 수박은 달콤함과 약간의 신맛, 그리고 쓴맛의 세 가지 맛 요소를 가지고 있다. 수박의 오랜 조상의 맛이 쓴맛을 가지고 있었다는 것을 기억한다면 수박이 쓴맛을 숨기고 있는 이유를 쉽게 이해할 수 있을 것이다. 일반적으로 쓴맛은 단맛을 어느 정도 억제하는 효과를 가지고 있다. 반면 소금의 짠맛은 쓴맛의 효과를 억제하기 때문에 쓴맛으로 억제되어 있던 단맛을 끌어올린다. 물론 많은 소금을 섭취하는 것은 건강에 좋지 않기 때문에 소금 간을 한 수박은 특별한 경우에만 사용하면 좋을 것 같다.

잘 익은 수박을 고르는 과학적인 방법

소금을 활용한 긴급 처방을 알고 있다 하더라도 애초에 잘 익은 수박, 그리고 당도가 높은 수박을 고르는 것만 못하다. 그렇다면 잘 익은 수박은 어떻게 고를 수 있을까? 예전 같으면 작은 삼각형 모양으로 수박을 떼어내어 색깔이나 상태를 직접 보는 방법을 사용했기 때문에 실패할 확률이 낮았지만, 요즈음은 이런 방법을 사용하지 않기 때문에 수박을 사려는 주부들은 나름대로 잘익은 수박 고르는 방법을 터득해야만 한다. 아마도 가장 많이 사용하는 방법은 수박을 두드려 보고 소리를 듣는 것이다. 내 아내도 수박을 고를 때면 열심히 두드린 후 세심하게 소리들 들어 맑고 울림이 좋은 소리가 나는 수박을 고르곤 한다. 그렇다면 과연 수박을 두드려서 나는 소리와 수박의 익은 정도는 정말 관계가 있는 것일까?

미국 매사추세츠공과대학(MIT)에는 미국의 고등학생들을 대상으로 발명 아이디어를 선발하여 연구비를 지원하는 프로그램이 있다. 이 프로그램의 지원을 받은 한 고등학교에서는 두드리는 소리를 이용하여 수박의 숙성도를 과학적으로 측정하는 장치를 개발한 적이 있다. 그들은 먼저 수박을 두드릴 때 나는 소리의 주파수를 측정한 후 수박을 잘라 당도를 측정하여 서로 비교했다. 그러나 실망스럽게도 주파수와 당도 사이엔 특별한 연관이 없었다. 즉 맑고 높은 음의 소리가 나는 수박이 꼭 당도가 높은 수박은 아니라는 말이다.

그렇다면 수박을 두드려 보고 고르는 것은 정말 과학적으로 아무 근거가 없다는 말인가? 결론적으로 말해 그렇지는 않다. 더 많은 연구를 통해 그들은 울리는 소리의 지속되는 시간이 수박의 당도와 밀접한 관계가 있음을 발견했다. 즉 두드렸을 때 울림의 여운이 길수록 당도가 높고 잘 익은 수박이라는 것이다.

수박을 두드려 소리가 나는 이유는 두드리는 힘을 받아 수박이 진동을 하기 때문이다. 만일 수박의 내부 조직이 대칭이고 내부에 공기 간극이 없다면 대체로 맑은 소리를 내지만, 내부 조직이 비대칭이라면 둔탁한 소리가 난다. 수박이 익으면 내부는 물기가 많아지며 치밀해지지만 탄성은 줄어들게 된다. 그러므로 수박이 익어가면서 더 낮은 음의 울림 소리가 들리는 것이다.

두드리는 것 외에도 잘 익은 수박을 구별하는 몇 가지의 팁이 있다. 첫 번째 무늬다. 녹색이 탁하고 진할수록 맛있는 시기를 지난 수박이다. 즉, 녹색이 너무 진하지 않아야 좋은 수박이다. 특히 검정 무늬와 녹색 무늬가 선명하게 대비될수록 잘 익은 수박이다. 또한 무늬가 꼭지에서 배꼽까지

끊기지 않고 잘 이어져 있는 수박이 햇빛과 영양을 듬뿍 먹고 자란 수박이다. 같은 크기의 수박이라면 좀 더 무거운 수박이 잘 익은 수박이다. 왜냐하면 수박이 익으면서 수분이 증가하기 때문이다. 또 수박이 땅에 닿아 있던 밑 부분이 노르스름하게 변했으면 이 또한 잘 익었다는 증거다.

수박의 익은 정도나 당도를 알아보는 가장 정확한 방법은 자른 후 당도를 측정하는 것이다. 수박의 표준규격에 의하면 당도가 11°BX 이상이면 특등급, 9°BX 이상이면 상등급으로 규정하고 있다. 여기서 °BX는 당도를 나타내는 브릭스(Brix)라는 단위로, 19세기 포도주의 원료가 되는 포도주스의 당도를 측정하였던 독일의 화학자인 브릭스(A.F.W. Brix)의 이름을 따서 붙여졌다. 요즈음 사용하는 당도계는 빛의 굴절을 이용하여 측정한다. 빛이 공기에서 액체 속으로 들어갈 때 빛은 꺾이는데 만일 액체 속에 설탕 성분이 많아 밀도가 높아지면 그 꺾이는 정도가 더 커지게 된다. 그러므로 입사된 빛의 꺾이는 각도를 측정하면 당도를 알 수 있다. 브릭스 단위는 순수한 물 100 g 중에 들어 있는 설탕의 무게(g수)로 나타낸다.

소리를 통해 수박을 잘라보지 않고도 익은 정도를 검사하는 방법과 같이 어떤 물체를 손상시키지 않고 내부를 검사하는 방법을 비파괴 검사라고 하는데, 이러한 방법은 이미 의학이나 시설물의 안전진단 등의 분야에서 널리 사용되고 있다. 내과 의사들은 청

진기를 통해 몸 안의 소리를 듣거나 손으로 두드리며 소리를 들어 진찰을 한다. 또 역에서 기차의 바퀴를 작은 쇠망치로 두드려 소리를 들어봄으로써 바퀴 내부에 이상이 있는지를 판단하기도 한다. 이러한 측정기술들은 초음파나 X-선을 이용함으로써 더욱 발전했다. 초음파 검사 장치, X-선 단층촬영기(CT), 자기공명영상장치(MRI) 등이 좋은 예라 할 수 있다.

시원한 바람이 부는 원두막에 앉아서 과학의 눈과 귀로 고른 잘 익은 수박 한 쪽을 가까운 사람들과 나누어 먹을 수 있다면 여름이 그리 덥지만은 않을 것 같다.

그리운 옛맛을
찾는 계절

영국의 시인 이디스 시트웰(Edith Sitwell)은 "겨울은 편안하고, 좋은 음식과 따뜻함을 위한 시간이며, 친근한 손길과 불 옆에서의 대화를 위한 시간이다. 겨울은 집에 머무르기 좋은 시간이다"라고 말한 바 있다. 겨울에 대한 느낌은 동서고금을 막론하고 마찬가지인 모양이다.

왜 겨울에 더 많이 먹을까?

겨울이 되면 사람들에게도 변화가 일어난다. 겨울에 나타나는 변화 중 하나는 여름에 비해 배고픔을 더 자주 느끼는 것이다. 그리고 보다 기름지고 영양이 많은 음식을 찾는다. 왜 그럴까? 이러한 변화에 대해 과학자들은 몇 가지의 과학적인 이유를 들어 설명한다.

첫 번째로 생각할 수 있는 이유는 우리의 동물적인 원초적 본능의 작동이다. 날이 추워지면 추운 겨울의 힘든 환경을 이겨내기 위해 동물들은 영양분을 몸속에 비축한다. 사람들도 이러한 본능이 작동해 추운 날씨로부터 체온을 유지하기 위해 추가적인 열량 섭취를 하게 된다는 것이다. 실제로 겨울이 되면 동물과 사람 모두에게서 글루코코티코이드(glucocorticoid), 그렐린(ghrelin), 그리고 렙틴(leptin) 등 식욕과 관련된 호르몬의 변화가 나타난다.

또 다른 설명도 있다. 겨울이 되면 낮이 짧아지고 일조량이 줄어드는데, 이러한 현상은 식물뿐만 아니라 사람에게도 영향을 미친다. 일조량이 적어지면 우리 몸에서 만들어지는 비타민D가 줄어들고, 이에 따라 세로토닌의 양도 함께 줄어들어 우울감이 증가한다. 심한 경우 '계절성정서장애(SAD, Seasonal Affective Disorder)' 같은 일종의 우울증을 겪는 사람들도 있다. 따라서 사람들은 세로토닌의 분비를 증가시키는 탄수화물 섭취를 늘려 우울한 감정을 극복하려는 반응이라는 것이다. 그러나 이것이든, 저것이든 겨울에는 자칫 체중이 증가할 수 있다.

겨울에 좋은 음식

그렇다면 무얼 먹어야 할까? 나는 아이슬란드식을 권장한다.

아이슬란드의 겨울은 춥고 밤이 길다. 하지만 아이슬란드인들 중에는 계절성 정서 장애를 겪는 사람들이 거의 없다고 한다. 과학자들은 그 이유를 이들이 먹는 음식에서 찾고 있다. 아이슬란드인들은 생선을 많이 먹는다. 계절성 정서 장애를 느끼는 사람이 많은 미국인들에 비해 아이슬란드인들의 일인당 생선 소비량은 무려 4배나 된다. 그들이 먹는 생선은 정어리, 연어 등 '오메가3'가 많은 음식이다. 오메가3는 뇌 건강과 우울증 방지에 효과가 있다. 또 등푸른생선은 비타민D의 보고이기도 하다. 아이슬란드 사람들은 등푸른생선 섭취를 통해 춥고 밤이 긴 겨울에도 세로토닌 분비를 유지함으로써 우울하지 않은 겨울을 보낼 수 있었던 것이다.

이와 함께 겨울철 우울한 기분을 이겨내는 데 도움이 되는 음식으로는 기름기 없는 단백질과 블루베리, 라즈베리, 딸기 등의 베리 종류, 엽산, 다크초콜릿, 칠면조 고기, 바나나 등이 있다. 또 연어 등은 오메가3나 비타민D뿐만 아니라 기름기 없는 단백질을 많이 가지고 있는 좋은 음식이다. 잎채소, 오트밀, 해바라기씨, 오렌지, 콩 등에 많은 엽산은 세로토닌을 만드는 데 사용된다. 다크초콜릿을 한 달간 매일 먹은 사람은 그렇지 않은 사람에 비해 기분이 현저하게 고무된다는 연구가 있는데, 이런 현상은 다크초콜릿 속에 많이 들어있는 항산화물질 폴리페놀 때문이라고 한다.

그러나 너무 많은 설탕이 들어간 초콜릿 음료나 아이스크림 등은 바람직하지 않다. 처음에는 설탕이 기분을 좋게 만들지만, 오메가3의 섭취가 낮은 상태에서 너무 많은 설탕이 체내에 유입되면 두뇌 활동을 둔화시키고 기분을 다운되게 하는 결과를 낳는다. 칠면조 고기 속에는 트립토판이라는 아미노산과 멜라토닌이 들어 있는데, 사람들을 안정시키고 편안하게 해주는 데 기여한다. 과일 중 바나나는 트립토판과 함께 마그네슘도 함유하고 있어 계절성 정서장애의 증상인 불면과 분노를 완화시켜줄 수 있다고 한다.

사람들은 왜 겨울철에 더 그리운 옛맛을 찾을까

우리는 언젠가 먹었던 옛맛을 그리워할 때가 있다. 그때는 대체로 추운 겨울이다. 왜 그럴까? 미국 테네시 주의 더사우스대학 트로이시 교수팀은 연구를 통해, 사회적 동물인 인간은 고립감을 느낄 때 편안하고 익숙한 맛(comfort foods)을 찾는다는 것을 발견했다. 이런 익숙한 맛은 전통음식이나 파티에서 먹었던 음식들과 같이 과거 가족이나 사회적 모임, 자신을 돌보아준 사람들과 연관된 음식이 대부분이었다. 물론 이러한 맛과 음식은 사람마다 다르며, 스프에서부터 김치까지 다양했다. 이러한 음식은 단순히 그것이 맛있어서가 아니라, 그 음식을 통해 다른 사람들과의 관계가 떠올라 특별한 의미로 다가오기 때문이라고 설명했다.

사람들은 누구나 어딘가에 소속되려는 욕구가 있다. 버지니아 영연방대학의 연구원 리드 박사는 음식의 풍미나 냄새와 과거의 향수(nostalgia)에 관한 연구를 진행했다. 리드 박사에 의하면, 과거에 대한 향수는 가까운 사람들과 관련된 개인적인 사건의 중심에 있기 때문에 사람들은 그 사람들과 함께 있지 못할 때에도 과거에 대한 향수를 통해 그 사람들과의 소속감을 느낄 수 있다고 한다.

어린 시절 가족들과 둘러앉아 먹었던 군고구마와 살얼음이 낀 동치미, 신혼 초 아내가 서툰 솜씨로 끓여주었던 된장찌개, 친구들과 힘든 산행 끝에 끓여 먹었던 라면 등이 추운 겨울에 특별히 생각나는 이유는 바로 과거의 향수라는 최고의 조미료가 듬뿍 뿌려져 있기 때문이다.

군고구마 냄새가
유혹하는 겨울

추운 겨울에 생각나는 추억의 맛 하면 어떤 것들이 떠오를까?
세대별이나 개인별로 다르겠지만 나에게는 따끈한 호빵, 호떡,
붕어빵, 그리고 군고구마와 군밤을 빼놓을 수 없다. 특히 눈 내리
는 날 밤길에 만난 군고구마 드럼통은 오감을 사로잡는 유혹이
아닐 수 없다. 멀리까지 풍기는 구수한 냄새, 따뜻한 온기를 간직
한 오래된 드럼통, 모락모락 김이 나는 노랗게 구워진 군고구마
의 비주얼, 갓 구어 낸 고구마를 호호 불어 한입 물었을 때 혀끝에
전해오는 따뜻함과 달콤함은 그 어떤 것보다 강렬한 즐거움으로
기억된다.

프랑스의 작가 마르셀 프루스트(Marcel Proust)의 유명한 소설
《잃어버린 시간을 찾아서》에서 중년이 된 주인공은 우연히 홍차
에 적신 마들렌을 한입 베어물면서 그 맛과 향기, 분위기에 일종

의 데자뷔를 느끼며 과거의 기억들을 떠올리게 된다. 그 후 과학자들의 연구에 의해 특정한 냄새는 특정한 감성적 기억을 떠올리는 데 있어 소리보다 훨씬 강력한 감각이라는 사실이 밝혀졌으며, 이러한 현상을 프루스트의 이름을 따라서 '프루스트 현상(Proustian phenomenon)'이라 부르게 되었다.

그러므로 추운 겨울날 길거리에서 맡게 되는 군고구마의 냄새는 바로 프루스트 현상 이론에 따라 어릴 적 눈 내리는 겨울밤에 어머니가 화롯불에 구워 주던 군고구마의 기억과 함께 포근한 어머니의 체취까지도 함께 느끼게 해주는 촉매의 역할을 한다고 할 수 있다.

군고구마의 케미

사람들은 왜 군고구마를 좋아할까? 타이완의 한 대학에서 연구한 바에 의하면, 군고구마를 좋아하는 몇 가지 이유를 중복 선택하도록 하였더니 1위에 오른 것은 85.7%의 사람들이 선택한 '구수한 냄새'였다. 그다음으로 78.6%가 선택한 '달콤한 맛'이었다. 그 외에도 부드러운 질감, 촉촉함 등이 뒤를 이었다. 그렇다면 생고구마에는 없는 구수한 냄새와 달콤한 맛 등 매력은 어떻게 만들어진 것일까?

막 수확한 생고구마에는 70% 이상의 수분과 함께 15~18% 정

도의 전분이 포함되어 있으며, 당분의 양은 1~2.5% 정도다. 생고구마에 들어 있는 당분은 대부분 자당(sucrose)이다. 하지만 군고구마를 굽기 위해 열을 가하면 고구마 속에서는 여러 가지 화학 반응이 일어나면서 단맛이 증가하고, 부드럽고 찰진 식감의 조직이 만들어지며, 식욕을 자극하는 냄새와 노릇노릇한 색깔이 만들어진다.

단맛을 증가시키는 데 있어 가장 중요한 역할을 하는 것은 고구마 속에 들어 있는 베타 아밀레이스(β-amylase)라는 효소다. 이 효소는 식혜를 만들 때 사용하는 엿기름 속에도 들어 있는 효소로, 일정한 온도에서 활성화되어 전분의 긴 사슬을 잘게 잘라주면서 말토스(maltose, 맥아당)라는 당을 만든다. 베타 아밀레이스가 가장 활발하게 일할 수 있는 온도는 50~60 ℃다. 이 온도에서 30분 이상 조리되면 고구마의 전분이 달콤한 말토스로 변환되는 비율이 높아져 당도가 올라간다. 실제로 군고구마에서 단맛을 내는 물질은 전분이 변화된 말토스다. 생고구마에 0.6% 정도밖에 들어 있지 않던 말토스는 구운 고구마에서는 20% 이상으로 증가하며, 찐고구마(약 14%)나 전자레인지에서 익힌 고구마(약 5%)에 비해서도 월등히 높아 단맛이 크게 증가한다. 뿐만 아니라 수분의 증발에 의해 당분의 농도는 더욱 높아지게 된다. 하지만 불에 직접 접촉하여 70 ℃ 이상의 높은 온도에 노출되면 효소가 작용하지 못하기 때문에 단맛을 더 이상 올릴 수 없게 된다. 이는 식혜를 만들 때 당화 작용이 잘 일어나도록 베타 아밀레이스가 가장 활발하게 작용하는 65 ℃ 부근에서 4시간 정도 유지한 후 밥알이 몇 개 떠오르는 시점에서 끓여주는데, 이렇게 함으로써 베타 아밀레이스의 구조를 바꾸어 더 이상 효소로서 작용하지 못하게 하는 것과 같은 이치다.

군고구마의 부드러운 식감은 고구마에 포함된 전분이 호화 과정을 거치면서 부드러워지기 때문이다. 호화는 쌀밥을 지을 때에도 나타나는 중요한 화학적 변화다. 고구마를 가열하면 고구마의 전분 속으로 수분과 열이 침투하여 분자 구조가 파괴된다. 이 과정에서 아밀로오스가 녹말의 분자로부터 빠져 나오면서 고구마의 전분은 끈적한 점성을 가진 젤라틴 상태가 된다. 그런데 이러한 전분의 호화 작용은 70 ℃ 이상이 되어야 가능해진다. 그러므로 달콤하고 부드러운 식감의 군고구마를 만들 수 있는 마법의 온도는 전분이 달콤한 말토스로 변환되고, 또 호화 작용을 통해 부드럽고 쫀득한 질감을 가지게 되는 70 ℃라고 말한다.

그러나 이 온도에서는 맛깔나는 황금빛 색과 냄새는 얻을 수 없다. 왜냐하면 이러한 변화를 만드는 캐러멜화 반응은 이보다 훨씬 높은 160 ℃ 이상이 되어야만 가능하기 때문이다. 순수한 설탕인 '자당'은 160 ℃에서 캐러멜화 반응을 일으키고, 군고구마 당분의 주성분인 말토스(맥아당)는 180 ℃에서 캐러멜화 반응이 일어난다. 그리고 이때 발생하는 휘발성 화학물질이 캐러멜 특유의 맛과 향을 만들어내게 된다. 그러므로 삶은 고구마에서는 이러한 캐러멜화 반응이 일어나지 않으며 군고구마와 같은 색과 향이 만들어지지 않는 것이다.

군고구마를 맛있게 구우려면

그러므로 맛있는 군고구마를 구우려면 고기를 굽듯 직화에 굽지 않고 뜨거운 돌이나 간접적인 방법으로 시간을 두고 가열하여 내부는 70 ℃를 넘지 않게 하여 충분히 당화를 시켜야 하며 표면은 160 ℃ 이상이 되도록 해 캐러멜화 반응이 일어나게 해주어야 한다. 오래 전 할머니의 화로 재 속에 묻어두었던 군고구마는 어쩌면 이러한 최적의 조건으로 구워진 고구마가 아니었을까 생각한다.

흔히 고구마나 감자 등을 구울 때 알루미늄 포일로 싸서 굽는 경우가 있다. 고구마나 감자가 직접 불에 닿지 않아 껍질이 타지 않기 때문에 깔끔하고 고르게 잘 구울 수 있는 장점이 있지만, 건강 측면에서는 피해야 할 방법이다. 2012년에 발표된 한 연구에 의하면, 알루미늄 포일을 이용하여 자극성이 있거나 산성인 음식을 조리하거나 열을 가하면 포일로부터 알루미늄 성분이 음식에 들어갈 수 있다. 이런 음식 속의 알루미늄 성분은 우리 몸에 축적되어 건강에 해로운 문제를 야기할 수 있다. 알츠하이머 환자들의 뇌 조직에서 고농도의 알루미늄이 검출되었다고 알려지기도 했다. 대부분의 전문가들은 알루미늄이 지속적으로 우리 몸에 들어오는 것은 바람직한 일이 아니므로 고기나 고구마 등을 구울 때 알루미늄 포일을 음식에 직접 닿지 않게 하는 것이 바람직하다고 권고하고 있다.

고구마의 과학적인 보관법

군고구마는 신선한 고구마를 가지고 만들어야 더 맛이 있다. 그런데 고구마를 잘 보관하기 위해서는 과학적 지식이 필요하다. 고구마는 싹을 틔우기 위해 전분과 당분을 가지고 있다. 곡물은 싹이 날 때, 필요한 에너지를 얻기 위해 다당류인 녹말을 단맛이 나는 단당류로 분해하기 위해 아밀레이스를 증가시킨다. 고구마에도 싹이 날 때 에너지로 사용하기 위해 녹말과 당분, 아밀레이스 효소를 가지고 있다. 때문에 효소가 활발해지는 실온 이상의 온도에 고구마를 오래 두면 당도는 올라가지만 싹이 나게 된다. 그렇다고 고구마를 냉장고에 넣어두면 가운데 심이 생기고 단단해지며 쓴맛도 발생한다. 고구마를 신선하게 오래 보관하려면 표면의 물기를 잘 말려 햇볕이 들지 않는 서늘한 곳에서 보관하는 것이 좋다. 보관하기에 적정한 온도는 13~14 ℃이고 먹기 며칠 전 조금 높은 온도에서 숙성을 시키면 전분이 당으로 변환되기 때문에 더 단 고구마를 맛볼 수 있게 된다.

앞서 본 바와 같이 달고 맛있는 군고구마를 굽기 위해서는 처음에는 비교적 낮은 온도로 천천히 오래 가열하고 그 후 불 조절을 잘해서 노릇하게 구워야 한다. 요즈음은 편의점에서 쉽게 살 수 있는 것이 되었지만, 잘 구워진 고구마는 기다림의 미덕과 함께 솔솔 풍기는 구수한 냄새를 통해 과거의 기억을 떠올리게 하는 낭만적인 슬로우푸드라 할 수 있다.

미래, 과학이 있어 맛있는 세상

전 세계적으로 대유행인 코로나-19 바이러스로 세상이 변해가고 있다. 사회적 거리 두기가 미덕이 되어 모임은 없어지고 집에서 혼자 지내는 시간이 많아졌다. 아직 끝이 보이지 않는 상황에서도 사람들은 이 특이한 전염병 이후의 세상이 어떻게 달라질지에 관해 이야기하면서 많은 것이 이전으로 되돌아가기 어려울 것이라고 말한다. 코로나-19는 맛에도 변화를 가져오고 있다. 여럿이 모여 함께 음식을 나누는 문화 대신 직계 가족이나 혼자 먹는 문화가 자리 잡고 있다.

코로나-19에 걸리면 발열과 함께 근육통, 두통, 인후통 등의 증상을 보이는 것으로 알려져 있지만, 그 외에도 미각과 후각이 상실된다는 보고도 있다. 최근 연구에 의하면 코로나-19 바이러스는 향 물질과 반응하여 냄새를 감지하는 콧속 수용체 안에 있는 후각 신경세포를 망가뜨려 냄새를 감지하지 못하게 만드는 것으로 추정된다. 우리가 맛을 느끼는 과정에서 대단히 중요한 역할을 하는 풍미가 사라진다는 뜻이다. 병이 낫고 어느 정도 시간이 지나면 후각과 미각이 회복된다는 보고도 있지만 오랫동안 그 상태가 유지될 수도 있다는 보고도 있다.

가까운 미래에 과학자들이 백신이나 치료제를 개발해 결국 코로나-19 바이러스의 공포로부터 벗어날 테지만, 미래의 세계에서 또 어떤 일들이 벌어질지 모를 일이다. 그래서 늘 미래는 우리를 설레게도 하지만 두렵게도 만든다.

미래에는 과학이 더 많은 분야에서 우리 생활에 더 가까이 다가올 것이다. 맛의 세계도 예외가 아니다. 과학이 가져올 우리 식생활의 미래를 들여다보면서 이 책을 마무리하고자 한다.

맛과 인공지능

인공지능(AI, Artificial Intelligence) 알파고와 이세돌 9단의 세기의 바둑 대결을 보면서 많은 사람들이 'AI의 시대'가 우리 곁에 성큼 다가와 있음을 실감했다. 그렇다면 언젠가 인공지능과 요리 9단의 맛 대결도 상상해볼 만하지 않을까?

인공지능을 앞세워 다가온 4차 산업혁명 시대에 돌입하면서 앞으로 인공지능과 로봇 등의 획기적인 발전으로 사라질 직업과 살아남을 직업에 대한 관심이 높아지고 있다. 간단히 말해, 단순한 작업이나 많은 자료의 빠른 분석이 필요한 직업은 사라질 위험이 높고, 인공지능이 할 수 없는 창의적이고 인간적인 감성이 중요한 직업은 살아남을 것이다. 맛을 예로 들면, 단순히 기존의 방식대로 음식을 만드는 조리사는 로봇이나 3D프린터와 같은 4차 산업의 첨단 병기들에 밀려 사라지겠지만, 새로운 맛을 만들어내는 '창의적인 요리사'는 살아남을 확률이 높다는 것이 일반적인 견해이다.

빠른 속도로 발전하고 있는 인공지능은 과연 인간의 미묘한 감성 분야인 맛의 세계에서는 어디까지 와 있을까? 인공지능은 아직 사람들이 생각하는 수준의 '맛'과 '취향'을 정확히 이해하는 수준까지 도달하지 못했다. 한참 뒤처져 있다고 말할 수 있다. 미국의 온라인 쇼핑몰 아마존이 사람들에게 상품을 추천하거나 모바일 스트리밍 앱이 음악을 추천하는 수준은 사람들이 느끼는 '맛'을 이해하는 것과는 근본적으로 많은 차이가 있기 때문이다. 물론 많은 사람들의 선호도를 빅데이터 분석을 통해 '최고의 맛'에 근접할 가능성은 있다. 하지만 사람들의 감성적인 판단이 입력되지 않는 한, 인공지능은 맛을 음미하거나 '맛이 좋다' 혹은 '맛이 없다'라는 판단을 내릴 수 없다. 물론 개인의 다양한 음식에 대한 엄청난 양의 데이터가 모이면, 어느 정도 맛있는 음식을 흉내낼 수 있을지는 모른다. 하지만 모든 사람들의 이러한 엄청난 데이터를 확보하는 일 자체가 거의 불가능하다.

미국의 스트리밍 서비스 스포티파이(Spotify)는 음악을 추천하는 장치에 기계학습을 하는 인공지능 시스템을 활용한다. 이 장치는 각 개인이 즐겨 듣는 음악을 분석함으로써 그 사람의 음악 취향을 파악하고 그가 좋아할 만한 취향의 새로운 음악을 추천한다. 인공지능은 각 개인이 어떤 음악은 길게 듣고, 어떤 음악은 바로 다른 음악으로 넘어가는지, 또 어떤 음악은 자주 듣는지 등을 데이터화해서 개인의 취향과 선호도를 만들어간다. 개개인의 데이터가 축적될수록 스포티파이의 음악 추천은 만족도가 높아질 것이다.

그렇다면 만일 이런 인공지능 시스템을 와인에 적용해보면 어떨까? 이론적으로는 음악의 추천과 유사해질 수 있으나, 실제로는 큰 차이가 있다. 음악에 대한 취향이나 선호도는 비교적 디지털화하기가 용이한 편이다. 그러므로 데이터로 축적하여 활용하기가 훨씬 수월하다. 하지만 맛에 대한 느낌은 근본적으로 디지털화하기가 어렵다. 혀에서 미뢰를 통해 느끼는 기본적인 다섯 가지 맛과 질감, 향이 합하여 만들어지는 풍미, 그리고 이 신호가 뇌에서 눈과 귀를 통해 들어오는 신호와 함께 기억이 어우러지기 때문에 맛은 개인마다 다를 뿐만 아니라 시간과 장소, 분위기에 따라 미묘하게 달라진다. 같은 포도주라도 누구와 언제, 어디서 마시느냐에 따라 맛이 미묘하게 달라지는 경험을 했을 것이다.

그래서 모든 사람에게 적용되는 맛있는 와인을 추천하는 시스템은 아직 요원하다고 할 수 있다.

미래의 맛을 만들다

그렇다면 맛에 인공지능이 할 일은 별로 없을까? 전문가들은 그렇지는 않다고 말한다. 즉 새로운 맛을 연구하는 '창의적인 셰프'에게 인공지능은 훌륭한 조력자가 되어줄 것으로 보고 있다. 또 식품회사에는 시간과 경비를 크게 줄여주는 일꾼이 될 수 있다. 사람들이 하는 말을 알아듣고 대화를 할 수 있는 인공지능 '왓슨'을 개발한 미국의 IBM은 세계적 식품회사 맥코믹(McCormick & Company)과 함께 식품 개발에 사용할 인공지능 시스템을 개발하고 있다. 앞서 언급한 대로 맛은 수많은 변수들이 어우러진 아주 미묘한 느낌이기 때문에, 새로운 식품 개발에 인공지능을 활용하는 것이다. 왓슨을 통해 기존 제품들에 새로운 재료나 첨가물을 넣었을 때, 어떤 맛이 만들어질지 예측함으로써 개발자들의 노력과 시간을 줄여주는 것이다. 그리고 시장분석을 통해 소비자들의 선호도 등을 개발 과정에 빠르고 효과적으로 반영하는 데도 사용한다. 여기에 적정가격을 고려한 식재료를 선택하고 소비자들의 문화나 취향까지 함께 고려한다. 이러한 과정에서 인공지능 시스템은 훌륭한 조수가 되어 시간을 크게 절약해 성공 확률을 높여

준다. 더욱이 인공지능 시스템은 기존의 성분을 새로운 성분으로 대체하여 특이한 새로운 맛을 찾아내는 데 탁월한 능력을 가지고 있다. 예를 들어 세계의 많은 지역에서 공급된 다양한 바닐라 열매는 수많은 맛의 뉘앙스를 가지고 있다. 그렇다면 원하는 맛을 만들기 위한 최상의 바닐라 조합은 무엇일까를 결정해야 한다. 또 새로운 맛을 내기 위해서는 각 성분들 사이에 다양성과 차별성을 고려해서 식재료를 선택해야 한다. 즉 다양한 바닐라들 간의 차이뿐만 아니라 바닐라와 딸기향 사이의 대체 가능성도 비교할 수 있다.

IBM과 맥코믹은 이러한 데이터를 기반으로 하는 새로운 맛 개발을 지원할 인공지능 시스템을 2021년까지 맥코믹의 전 세계 연구실에 배치하는 것을 목표로 하고 있다. 인공지능이 개량한 양념으로 만들어진 투스카나 닭고기, 버본 돼지고기 안심, 뉴올리언스 스타일의 소시지를 곧 맛볼 수 있을 것이다.

개인의 식생활에도 앞으로 많은 변화가 일어날 것이다. 인공지능으로 무장한 냉장고가 주방의 사령관이 될 것이다. 단순히 음식을 신선하게 저장하는 현재의 기능을 벗어나, 내부의 모든 식재료의 종류나 상태를 파악하고 주인의 건강과 취향, 스케줄을 파악해 필요한 물품을 주문하고 신선도가 떨어지는 것들은 폐기하는 역할까지 할지 모른다. 또 사물인터넷으로 연결된 주방용 로봇이나 3D프린터, 주방 기구들에 명령을 내려 퇴근하는 시간에 맞춰 새로운 요리를 만들고 서빙하라 명령할 날도 머지않아 보인다. 아직 그전에 해결해야 할 문제가 많다. 자율주행 자동차가 도덕적인 판단이 필요한 상황에서 어떤 결정을 해야 하는지에 대한 논란이 있듯, 인공지능 냉장고가 재료들을 신선한 상태로 유지하면서 최상의 맛만을 추구하는 대신, 주인의 경제 사정에 맞게 지출과 서비스를 어떻게 할지 결정하는 일도 만만치는 않은 과제다. 그러나 언젠가 주인과 교감을 하며 맛과 건강, 주머니 사정까지를 살뜰히 챙기는 똑똑한 냉장고가 우리 주방을 차지할 것이란 사실은 변하지 않는다.

살아오면서 지금껏 많은 음식을 먹었지만, 가장 기억에 남는 맛이 있다. 20년 전 위암 수술을 받고 병원에서 10여 일 만에 처음 마신 물 한 모금의 맛이다. 한 모금을 입에 넣고 천천히 씹어 삼킨 물맛은 감격스러웠고 정말 꿀처럼 달았다. 맛은 단순히 혀에서만 느끼는 감각이 아니다. 오감과 환경이 만들어낸 감각을 우리의 기억과 버무려 뇌가 만들어내는 종합적 인지과정이다. 그래서 그 맛을 늘 똑같이 느끼는 것은 불가능하다. 지금 마시는 물은 꿀처럼 달지도, 감격스럽지도 않다. 하지만 미래에는 과학을 통해 내가 가장 맛있게 느꼈던 기억 속의 맛을 재현해내는 일이 가능할지도 모른다. 과학이 있어 더 편리한 세상 그리고 더 살맛나는, 맛있는 세상이 되었으면 좋겠다.

맛있다, 과학 때문에

시간과 온도가 빚어낸 푸드 사이언스

지은이 박용기

1판 1쇄 펴냄 2020년 8월 5일
1판 3쇄 펴냄 2021년 5월 25일

펴낸곳 곰출판
출판신고 2014년 10월 13일 제2020-000068호
전자우편 walk@gombooks.com
전화 070-8285-5829
팩스 070-7550-5829

ISBN 979-11-89327-08-8 03400

이 도서의 국립중앙도서관 출판예정도서목록(CIP)은 서지정보유통지원시스템 홈페이지(http://seoji.nl.go.kr)와
국가자료종합목록 구축시스템(http://kolis-net.nl.go.kr)에서 이용하실 수 있습니다. (CIP제어번호 : CIP2020029868)